U0825953

只要滚烫的人生

阿飞——著

北京时代华文书局

图书在版编目（CIP）数据

只要滚烫的人生 / 阿飞著. -- 北京 : 北京时代华文书局, 2020.9

ISBN 978-7-5699-3881-4

Ⅰ. ①只… Ⅱ. ①阿… Ⅲ. ①人生哲学 - 通俗读物 Ⅳ. ①B821-49

中国版本图书馆CIP数据核字(2020)第164041号

北京市版权局著作权合同登记章 图字：01-2020-4400

本书中文繁体字版本由精诚资讯股份有限公司旗下悦知文化出版社在台湾出版，今授权北京华景时代文化传媒有限公司通过北京时代华文书局在大陆出版其中文简体字平装本版本。该出版权受法律保护，未经书面同意，任何机构与个人不得以任何形式进行复制、转载。（项目合作：锐拓传媒copyright@rightol.com）

只　要　滚　烫　的　人　生
ZHIYAO GUNTANG DE RENSHENG

著　　者 | 阿　飞

出 版 人 | 陈　涛
选题策划 | 万红雪
责任编辑 | 袁思远　冯雪雪
封面设计 | 阿　鬼
版式设计 | 虞　斌
责任印制 | 訾　敬　范玉洁

出　　版 | 北京时代华文书局 http://www.bjsdsj.com.cn
北京市东城区安定门外大街 136号皇城国际大厦A座8楼
邮编：100011　　电话：010-64267955　64267677
发　　行 | 北京华景时代文化传媒有限公司　010-83626929
印　　刷 | 三河市嘉科万达彩色印刷有限公司　0316-3159777
（如发现印装质量问题，请与印刷厂联系调换）
开　　本 | 880mm × 1230mm　1/32　　印　　张 | 7.25　　字　　数 | 116 千字
版　　次 | 2020年12月第1版　　印　　次 | 2020年12月第 1 次印刷
书　　号 | ISBN 978-7-5699-3881-4
定　　价 | 42.00 元

版权所有，侵权必究

序

只要好好过日子，就能期待好日子。

许多人都知道这是我很喜欢的一句话，经常会用来鼓励读者。事实上，在写这句话的同时，自己也会受到激励。期许自己可以渡过眼前的困顿与难关，又无须过分拼命，不必太过积极，只要认真做好自己分内该完成的事，好好工作，好好学习，好好吃饭，好好休息，好好珍惜身边的人，自然有机会可以拥有安心写意的生活。

《只要好好过日子》获得了读者们很大的回响，我很开心也很意外。开心的是，有很多很多的人是怀抱着正能量过生活，愿意相信自己只要踏实过日子，一切就能慢慢步入正轨，就能期待将来会有好日子出现。意外的是，原来“生活”这件事在现今社会是那么辛苦，有不少人对于自己的期望仅止于“只要能好好过日子”那么简单而已，却也是如此不容易的奢求。

但是，我相信生活没想象的苦，大部分都是自己的心态所致。每个人都在各自的人生道路上经历许多人、事、物，从中得到了什么也同样失去了什么，在过程中慢慢成长，开始懂得转换心情，开始懂得珍惜所有，开始懂得放下执念。在“懂得”之后，自然就会明白自己最舒适自在的生活方式。

愿意读这本书的你应该都有追寻自己生活方式的基本功，而我所能做的，只不过是带领大家去重新复习，还有再次提醒那些其实你早已懂得却经常遗忘的道理。

在人生中，我们始终追寻着许多“为什么”，其实更重要的是，你现在准备“做什么”。我们的现在，永远影响着自己的将来。你现在愿意相信自己、愿意努力学习，以及愿意给予自己正面的价值观，自然就有机会塑造出自信、美好及正向价值的将来。这世上或许无法给你的“为什么”提供标准答案，你却会因为自己的“做什么”而得到成长与结果。

现在的我们，到目前为止所做的每件事情、每个决定，以及所遇到的每个人，都是一点一滴地受影响，慢慢形塑而成。未来的我们又会成为什么模样，同样也会因为这样而改变。我们或许无法选择家庭或成长环境，但至少可以选择要做的事、所遵循的观念，还有留在身边的人。

接下来的日子，或许依然不轻松，也许还有很多挫折，可能少不了那些人情冷暖，但我相信只要抱持着良好的心态去面对，最后都会没事的。而所谓的良好心态，不一定是一直充满着正面积极，而是要懂得处理负面的想法，不让黑暗情绪影响自己的判断。你不必成为一个乐观向上的人，但请试着做一个会排解悲观情绪的人。

这本书是为了鼓励愿意在世态炎凉的环境中依然相信正能量的你，也希望能够给予遭受打击与不顺遂的人一点点温暖的力量。

你很棒，你很勇敢，你辛苦了。再难过的日子，你都度过了，只要愿意相信自己值得过好日子，接下来，请开始期待好日子的来临。

阿　飞（钟文飞）

目录

第二辑 你的善良必须有点锋芒

如果一个人总是利用你的善良，对你的好意索求无度，把你的用心当成了心甘情愿，必须适时点醒对方已经踩到底线了。

第三辑 我始终相信，有趣的灵魂自会相遇

一辈子不算长，能遇见彼此相爱的人，那是多么幸运的事。总有一天，你会与那个真正对的人相遇。

第四辑 这一世若不珍惜，谁能伴你未来

在名为“人生”的海洋中奋力搏命之后，唯有家才能让我们犹如备受摧残的破烂小船得以停泊。

第五辑 放弃很容易，但坚持一定很酷

生活没有想象中那么糟，现在开始不要轻易放弃，坚持走下去，就会发现到达了人生的另一个高度。

第一辑

懂得转念，也会逆转自己的人生

如果你想要在职场上获得关注，

或是在自己的人生道路上扭转局面，

转变心态是最为优先的事情。

工作，是为了累积你的未来

所谓的负责任，不只是把工作做完，而是尽量把工作做好，这不是为了主管或老板，而是为你自己累积未来的成就。

对很多人来说，上班工作只不过是赚取金钱的手段之一，把主管或客户交办的事情如期完成，就算不负使命了。将自己负责的工作做完便交差了事，在别人看来，确实是把工作完成了，这是无从置喙的。但是，每个人的心里都很明白，自己其实可以做得更好。

比方说，从事业务工作的你，很清楚只要多花点时间再继续跟进、再说服，客户就会愿意多下一些单，但自己却认为业绩已经达标，无须再耗费精神而停止努力；从事企划工作的你，明明知道将方案重新调整后效果会比较好，但因为调整后需要处理的事情更多、更麻烦，自己就不愿再提出新方案；从事财务工作的你，很明白公司某些费用是可以节省的，却担心提出后会得罪负责预算执行的同事，也就不愿意提出来讨论。

你或许觉得自己没有错，领多少薪水做多少事，多做事可能也没有多领钱，把自己分内的工作完成，能对主管或客户有交代，就算功德圆满了。可是，**我们做事情不该只是用来对别人交代的，还是向自己交代，然后替自己的未来打算。**

这不是你的能力问题，而是你的态度问题，做事的能力再强，一旦态度不对了，未来的成就也就有了限度。你的责任范围究竟到哪里，其实是由自己来决定的。

我不会鼓励大家为了工作牺牲假期与生活，也不会过分赞扬愿意为了公司事业而鞠躬尽瘁的人，我认为应该在自己的工作内容与时间里，找出可以让自己成长的态度与方法。既然做了，就应该在能力范围内尽量把成效做到最好，这是属于你自己的成绩。如果去做了却得不到效果，那还不如别做，至少没有白费力气，更不会浪费时间。

如果可以把自己手上负责的工作做得更好，就要试着去努力，不是在帮别人作嫁衣，而是为自己铺路。当你能够把工作如期完成，并且还能提高成效，周围的人看见了，同事看见了，客户看见了，你的主管和老板也都看见了；当你的能力被认可，自然也就会有升职的机会。

这些工作对你来说，或许也是一种预习。在你未来的人生里，将会遭遇各种各样的问题，而你现在所做的一切都是为日后积累经验。

现在的你愿意去做好，未来的你也会过得轻松一些。

要往上爬，请先抬起脚

如果不能做你喜欢的事，不如暂时先做你会做的事。

或许，你正为了求职而烦心，找不到喜欢的、理想的、适合的工作……找着找着，甚至你都认为快要找不到未来了。

也许，你正为了目前的工作而不开心，做着无趣的事，做着讨厌的事，做着别人不想做的事……做着做着，甚至你都觉得自己做的不是工作，而是在做功德了。

现实的职场情况就是如此，多数人都无法从事心仪的工作，就算你已经找到的工作也未必是自己喜欢的，或是喜欢的工作不一定适合自己，也可能总是被交代去做讨厌或麻烦的任务。你我在职场里，总有着诉说不出的无奈。

我觉得，如果有 100 种工作，就会有 100 种无奈。

每个人都想做自己喜欢的事，遗憾的是，实际上并没有那么多你喜欢的事情可以做，因为大家都在抢那些“喜欢”又“轻松”的工作。如果你只是想找“轻松”的工作，那根本就不是什么真正想做的工作，你只是懒而已。

说真的，如果你不去处理那些在工作中麻烦的、复杂的、讨厌的事，那么，老板也不需要支付那么多薪水给你了，老板需要有能力协调那些事情的人，而这也是你值得坐在那个位置上的原因。

如果你正在找工作，而且已经找了很久，仍然找不到理想的职位，不妨先试着寻找自己拿手的或适合的，稍微接近心目中的工作来试试。无论如何，只要有事做就能有累积，累积经验、累积成绩、累积人脉与累积资本。或许只是你目前的机遇不够好，无法很快从事自己喜欢的工作，当你花了一定的心力与时间去累积之后，一定会有更多的机会能达成你原来的期望。而且，先做自己拿手或做得来的工作，也比较容易上手，可以更快速学习，压力相对较小。这样一来，表现可以更好，经验累积也会更快。

我觉得有份烂工作可做，总比什么都不做要来得好。并非要你委曲求全、忍气吞声，而是希望你先从工作中累积经验、累积人脉，等一切完备了，好工作出现了才更有机会把握。如果你想往上爬，总要自己先抬起脚吧。

前一阵子，有人问我："工作内容虽称不上喜欢，但我很清楚可以学到东西，公司福利也还不错，唯一的问题在于公司内交不到什么朋友，这样的环境该不该放弃？"老实说，上班就别期望能找到推心置腹的好友，做好自己该做的事比较实在。我常说，每天让你翻白眼的次数少于三次的工作，就算是幸福的工作了。

但是，无论你为了工作多么愿意付出努力，多么愿意花费心力，请记得一件事：如果身处的工作环境只会给你负面批评，或是你一直无法融入团队之中，建议你还是早点转换跑道。不是你不适合这份工作，就是这种环境不适合你。不是你肯不肯做或会不会做的问题，而是你得不到公司或同事的回馈与帮助，再怎么努力争取的结果，也只会让人更加无力。

若你还不知道自己想做什么，不妨先把能够做的事做好；若不清楚接下来能走到哪里，就先走好眼前的路吧；

不明白自己会跟谁成为伙伴，那就先从善待身边的人开始做起。暂时不如意没关系，一时没想法也无所谓，总之，就先从自己能做的开始吧，终有一天，你的能力会成为你的指南针，你的经历会成为你的垫脚石。

因为辛苦，所以才叫作工作

明明是讨厌的事，还是愿意去做，而且还能做得好，那就是实力。工作通常是讨厌的事，喜欢的事叫作兴趣。

绝大多数人为什么会选择工作，那是因为可以用付出的劳动来换取报酬，其他的成就感或满足感都只是附加的。想要赚多少钱就得付出相对的心力，工作本来就是辛苦的，因此，很多人会希望能找到轻松一点的工作，或是少做一点事，认为这样就算是多赚的。

如此的思考逻辑并没有错，既没有危害到他人，也没有违背道德。总是有些人遇到难以处理的麻烦事就想尽办法推托，或是做得心不甘情不愿、要死不活，最后就是交出敷衍了事的糟糕结果。

每个人都想做轻松的或喜欢的事情，坦白地说，那是不切实际的想法。就像前面所提及的，付出多少就会得到多少，想要轻松地做事情，就只能得到较少的报酬。相对地，若公司愿意支付多一些薪水，就是希望我们能替公司解决困难与处理麻烦的琐事。

当然，遇上自己讨厌的工作，可以选择不做，离开这个职位；若是对这个职位的未来仍有期待，何不试着用正面思考来看待眼前那些不喜欢的工作呢?

面对不喜欢或麻烦的事情，会出现负面情绪并不代表你不好，那纯粹是保护自己的心理机制，很正常。因为它怕我们做得不够好，怕我们没有时间休息，怕我们被人恶意中伤。若能懂得放下那些对于现况没有帮助的负面想法，如此一来，才能把该做的事情做好。

在职场上有八成的工作令人感到麻烦、厌恶。请谨记，别人不一定会因为我们工作有苦劳而加薪，却很有可能因为做得太差而决定不给薪水。既然是自己必须要处理的事情，再困难、再麻烦也应该尽力做出最好的结果，这才是展现我们能力与价值的时刻。

当你可以把众人都不想碰的麻烦事做得最好，公司肯定会把你视为不可或缺的人才。

当上司交派给你任务时，可能你第一个闪过的想法是“好麻烦呀”，但之后应该思考的是，该企业文化与你所负责的职务能得到的成就感，是否符合你内心里的价值观与理念?

如果符合的话，即使再麻烦也值得自己付出心力去完成；反之，若是与自己的内在价值相悖，那就别用心去做这件事了，而且你根本不该再待在这个环境。

不要害怕做困难或讨厌的事，如果不把自己丢在不舒适的位置与不轻松的环境，你将永远不明白自己有多么优秀。

凡事都有代价，如果想要让老天注意到你，就得不断努力。现在的付出，做过的每一件事情、学过的每一项能力，你曾遇过的每一次问题，都会在将来需要的时候派上用场。

尽力做好自己的工作，无论是喜欢或不喜欢、麻烦或不麻烦、困难或不困难，仅仅只把事情做到及格，那也是不容易了。就算是一件小小的事，也会在无形中慢慢累积，一件又一件，不断地提升自己，最后你的付出会被看到，一定也会为你带来回报的。

懂得转念，也会逆转自己的人生

工作当然不轻松，换个角度想，也是为了将来有机会选择自己想要的生活。

经常听到有人说生活太平淡，但光是处理工作、替别人做善后工作就够忙碌、刺激的了，为什么还会有人认为生活平淡呢?

我不禁思考那些认为生活太平淡的人，难道是处于无业状态中，要不就是拥有一份内容轻松又环境单纯的工作，还是他们的工作能力及情绪管理如鹤立鸡群般的卓越?

若是最后一种，那他就是值得我们学习的对象，虽然工作能力无法一蹴即成，这需要靠时间与经验慢慢学习累积，但是情绪管理却是可以先试着改善的。

要改变一个人的性格与价值观，那是非常困难的事情。但你想要在职场上获得关注，或是在自己的人生道路上扭转局面，转变心态便是最为优先的事情。

工作当然不会轻松，职场自然也不单纯，无论是进入哪一家公司，麻烦事依旧，类似的状况仍然会发生。即使自己做老板也一样，甚至不轻松、不单纯的层级只会更高。有时，不是环境让我们讨厌，而是我们用“讨厌”的心态在看待自己的工作环境，心态才是影响我们最主要的原因。

有些人对于困境容易释怀，那是因为他们懂得转念、懂得知足、懂得学习，而不是因为遇到了多好的老板、同事或工作，毕竟大多数的人对于工作的福利与环境都是贪得无厌的。这个社会根本没有“不会做”与“不想做”，当你一无所有时、当你必须生存下去时，自然什么也都愿意做了。

并不是说为了生活让自己没有自尊受尽委屈也没关系，过分的欺辱与过低的待遇，当然不必忍受，可是，要先明白自己的底线是什么。究竟这个底线是真的过分，还是自己抗压能力太差呢？

我们在工作上或职场关系里难免会遇上困难，这种时候，指责或抱怨不一定能让事情马上好转。如果愿意试着先调整自身的做事方式，或是体恤他人的感受，即使整个事情没有立即明朗化，但在工作表现与职场关系上也会慢慢改善。

万一真的犯了错，难免会被人责难，此刻是可以自我检讨的，不用妄自菲薄。别忘了，**我们工作不只是为了赚钱，那些错误的经验都是人生养分，你会变得更好、更强，将来才更有本钱创造自己想要的生活。**

在职场上认真做事、努力赚钱，并不是要跟他人比较，而是要累积这些经验与财力，才能为将来储备选择的权利。选择自己认为有意义、有兴趣的工作，不再只是为了生活、为了养活自己而勉强工作。

无论如何，选择目前工作的人是自己，如果不喜欢，就选择另一条路。但是，请记住，你选择的是一条要通往未来人生的路，要为未来做好准备，更要为你想做的事情累积能力。

所谓的好运，其实就是当机会来临时，一切早已准备就绪。

不加班，不是罪过

别把加班当成你工作表现的手段，加班只代表你努力及负责任，并不一定表示你有能力。

在社会打滚儿这么久，发现有些人是经常性加班。当工作量很大或截止日期非常近时，难免会需要加班才能完成。但是，有些人似乎并没有那么多或特别赶的工作时，还是晚下班，不知道是已经习惯了加班，准时下班会不知道该如何打发时间，还是想留给主管自己好像很忙、很认真处理工作的印象。

能够准时下班是好事，千万别把加班当成工作表现的手段；加班只代表你努力及负责任，并不表示你的工作能力很强。

或许，有些人认为勤能补拙，用这样的方式来表现自己，总是很努力地完成上司所交付的工作。可是同样一件事，如果交代给你需要额外加班才能完成，但交给另一个人却能够更有效率地在正常上班时间内完成，试想，究竟是谁的工作能力比较好？谁会受到上司的赏识？

真正优秀的人，不会把加班视为平时的工作表现，那只是为了在期限内完成时不得已的手段，他会把心思花在如何让事情做得更好、做得更快上，也会比其他人更看重手边正在做的每一件工作，就连细微的小事也都当成一回事。

而你工作时所做的任何决定，以及所注意的任何事情，都会让你的工作表现与习惯慢慢定型。我们都是这样用一砖一瓦堆砌起自己在职场的未来。

我明白，有些情形并非自己想要表现，而是工作的环境迫使你变得如此。因为公司内的几乎所有员工都不会准时下班，这会让你为了自己准时下班而感到愧疚；因为你的老板每天都不会准时下班，这让你根本不敢准时下班，只好待在座位上随时等候差遣。

待在这样不健全的工作环境下，如果不是心甘情愿，也不是待遇优渥到值得如此牺牲奉献，那么，也怪不了任何人，要怪也要怪你自己。怎么能忍受将私人时间贡献给公司，也不愿试着去寻找值得自己付出的环境？

请记住，**不要在公司跟人比谁坐得比较久，那是看不起你自己，我们应该要想办法比谁做得更好。**

我相信一定有很多人会担心自己不被人喜欢，就算没有什么急迫的事情要处理，下班后还是留在公司东摸西摸装忙碌，可是每天要演戏、要假装给别人看，其实是很累人的。假使你准时下班会被某些人说闲话，那也不是什么世界末日，只要对得起自己，对得起工作就够了。

会因为你准时下班而讨厌你的人，不论你处理事情多么漂亮也无法让对方喜欢，他们连朋友也都称不上，所以，被这些人讨厌也应该无所谓。

能力是有极限的，疲惫是正常的，脆弱是难免的，混乱是考验人的，并不会因为年纪大了、经验多了，在工作中就会万夫莫敌。尽力做就好，不必事事都想要一肩扛，偶尔也需要休闲放松一下。

爱人太久都可能会累，何况是工作？找时间让自己喘口气，不加班不是什么罪过。

别让“帮忙”成为自己的弱点

凡事不要太依赖别人的帮忙。有时，你以为是来“救驾”的，后来才发现其实是来“补刀”的。

我不喜欢那种自己都还没努力，就急着寻求帮助的人；或是有些人确实去做了，但一心想着反正最后还是可以找人来帮忙，就草率处理事情。以这样的工作态度怎么可能会把事情做得好？

懂得自己的不足或懂得适时求助他人是一种优点并没有错，但不能让它变成你的缺点，或是成为依赖他人的借口。

这世上有许多不懂得拒绝的人，他们会勉为其难来帮助你，一次、两次没关系，可是任谁都有底线，一旦发现自己的协助已然成为你不做事的推手，其他人就会把你视为大麻烦，避之唯恐不及。若这种情形发生了，而你又无法完成该做好的事，责任还是要由你来承担。

所谓的好意，是用在自己想要给予的人身上，而不是浪费在只会向自己索求的人身上。

大概是我的个性使然，总觉得做人要有骨气，凡事不要太依赖别人的帮忙，能自己解决的就自己解决。更何况有时你以为别人是来“救驾”的，后来才发现其实是来“补刀”的。这样的情况可能有两种，一种是本来就打算偷偷地“捅”你；另一种则是他真心想帮忙，却老是不小心“捅”到你。

不要期望别人会为你雪中送炭，没有人在你脸上涂炭就该谢天谢地了。有些人，你听他说起来头头是道，可是等到真正处理事情时却乱七八糟，最后才会发现他根本就是胡说八道；有些人在面对你寻求协助时，表现得非常友善、热心，但在转身面对主管与同事时就开始翻白眼，抱怨起你来唾沫横飞。

我并非不信任别人，只是不想麻烦到别人，毕竟被交付的任务本来就是自己的责任，别人也有原本的工作要处理，而且每个人的思考逻辑都不同，对于工作自有一套方法与排序，彼此对于事情的标准也不同。就算对方有心帮忙，可是在过程中仍然可能会有摩擦，做出来的成果也未必是你所预期的。

当然，很多工作本来就需要通力合作。但是，所谓的合作，就是把一件事情分成很多项目，再由负责不同项目的人各自完成该做好的部分，并不是你的部分找别人帮忙就叫合作，那应该叫拖后腿才对。

我也不是鼓励你所有的工作都要自立自强，大家自扫门前雪；而是要有独立完成工作的自觉，这样也能培养出独当一面的实力。如此一来，才会用心把该负责的事情做好，也不会视别人的帮忙为理所当然。**当别人愿意给予协助时，那是因为你可以把大部分的事情做好，这样的帮忙并不会造成他们的负担与压力，这样的方式才是彼此需要的。**

需要别人帮忙，并不表示自己太没用，只是负责的任务太多或超过能力所及。假使你真的已经努力尝试过，又不想造成别人的困扰，最终还是无法接受自己不能独立完成，这时也不必怪罪自己，没有人能事事完美。

该寻求协助时就该明确提出，如果到最后才坦承事情无法完成，对公司来说，那才是真正的大问题。

辞呈不是逃离困境的万灵丹

如果想离职，是因为不想再看人脸色，创业后，你将发现要看更多人的脸色，完成梦想是必须付出代价的。

在社会上工作多年，我曾听过不少新奇有趣的离职原因，像是因为妈妈或太太不喜欢公司而离开的，也有因为放在冰箱里的东西经常不见而不开心的，还有因为车子送修后不方便上班的。

当上主管后，听到同事想要离职，有时会忍不住感叹。现在的年轻人，先不提能力，因为能力是可以慢慢培养的，他们比起年轻时的我更有创意，也更有主见。可惜美中不足的是，相较于他们聪明灵巧的脑袋与神来一笔的反应，解决难题的意愿以及心理的抗压性通常是不够强大的。因此，很多真正的离职原因，是受不了有太多细琐事情要处理，或是遇到不和谐的同事关系。

之前朋友曾开玩笑地说："过去经常听到老板或主管跟人畅谈工作理想，后来发现大家都搞错了，原来大部分人的理想是不用工作。"

当然，不用工作还能轻松过生活，任谁都想要。不过，在不工作之前，得先有本事做好自己该做的工作才行。

假使你正准备离开职场去创业，也希望你已经明白真正想要做的是什么，也考虑清楚其中的细节，而不是因为和同事相处不来，不是看不惯老板或主管的糊涂判断，也不是不想再看客户的脸色。若是抱持这些不爽、愤怒而离开，建议你先静下心好好思考自己真正要的是什么，好好思考自己的问题所在，否则，将来还是会遇到同样的难题。

曾经有年轻人请教我跳槽的建议，我只说："转换工作环境之前，不如先转换自己的心情与态度。"即使最终还是选择跳槽，但如果心态调整好了，做什么事也会比较顺利，不然，一直换工作也是挺累人的。工作不会配合我们，而是我们要调整自己去配合工作。

或许，对有些人来说，与其花费时间去面对并解决这些问题，不如另起炉灶重新开始比较轻松。逃避是人的本性，而我也不是那种很厉害、凡事都不会逃避的人，也不会去指责别人的不面对。但我会时常提醒自己，**逃避无法解决问题，只是把问题暂时搁置，现在逃避的事情，未来终究还是要面对。**

假如你是因为看不惯别人的做事态度而离开，那么，在其他地方也会遇到类似的情形。若是创业的话，这些问题将会更严重也更麻烦。

在现实生活中，有太多人的想法你无法苟同，你无法理解他所做的荒唐判断，也不能明白他莫名其妙的逻辑；但是，只要把自己该做的事情做好，把该说的话说清楚，该负的责任好好担着，其他的就别理会太多。

先别急着厌恶自己所待的工作环境，说不定，就算尝试了其他工作环境也会感到不开心、不如意。因为我们心中难免会有迷思，认为不属于自己的生活比较好，一旦置身其中，就会发现原来不是自己想象中的那一回事。

与其抱怨、羡慕，或是再次投入另一个不开心的工作环境，不如先试着面对眼前的不开心与不如意。倘若能在那些问题中慢慢成长，能力增强了，自然就能做自己真正想做的事情了。

做好杂事才会让很棒的事更完美

你认为很棒、很喜欢的工作，一旦真正投入进去，很可能会发现它的背后，也充满了杂事与你不喜欢的部分。

我们总是羡慕那些能够从事自己心目中理想职业的人，或是梦想自己有一天也可以投身那些看起来光鲜亮丽的工作。因此，有时也难免会抱怨起目前的工作，需要处理许多麻烦的杂事，还要面对讨厌的厂商与客户，于是，期盼自己能够早日脱离目前的工作环境。

可是，在你投入下一个环境之前，无论是不是梦想的工作，都必须先做好心理准备："任何工作或职务，绝对都会有令人讨厌的部分。"

一旦开始去做我们心目中想要从事的行业，日复一日地处理差不多的工作之后，便会发现原本以为有趣的事情渐渐变得无趣了，甚至所衍生的杂事远比你想象中的还要琐碎，还要庞大。

我想，没有人喜欢做杂事吧，但不要害怕去做，也不要对于任何工作抱持过多的期待，很多你认为很棒的工作，只要开始进行后，就会发现其背后也是杂事一堆。如果做不了这些细琐之事，那么，也不必谈什么梦想了。能够实现梦想很棒，但实现梦想之时却害怕做杂事，是很难体验到真正的乐趣的。

如果没有认清每个工作的本质，不管你对从事的工作有多么喜欢，最后都会败兴而归。

无论想要实现哪一种理想，都得先调整好自己的心态，在工作中找到某些自己非常喜欢的部分，然后尽量把它放到最大，否则，热情是很容易被消磨殆尽的。

不管工作是大还是小、是简单还是困难、是轻松还是麻烦，大部分都是在重复做类似的事情，时间一久，难免会感到乏味。但只要找到当初喜欢去做的原因，好好享受其中的乐趣，把那些扰人的、无趣的部分当成对自己的挑战，用这样的心态来面对工作，才能做得长久。

想要成就梦想与想要做大事是优点，但别让它们不小心成为前进的绊脚石。任何大事都是由许多小事组成的，在最后回甘之前，总有难以避免的苦涩时期；用做大事的心态去面对小事，能将小事解决了，才有能力去完成你心中的大事。**不要小看那些琐事，我们做过的每一件事，我们受过的每一次历练，都可能会在人生中的某个关键时刻造成决定性的影响。**

人生不是坐着等着就能欣赏到梦想中的美景，而是要起身前进才能抵达。

我们行走的道路并不会一直顺畅无阻，遭遇的一切也无法全如所愿，当你心中已经预想好即将碰到的难题，也就表示你已经准备好面对那些棘手的挑战，那么，问题将不再是问题。

解决眼前困境的重点未必在于你的工作能力，而是你面对负面情绪能够即时转念的态度。

下班是为了让上班更有动力

你已经下班了，要记得让自己的心跟着下班，若还挂念着工作，那表示你根本还没下班。

有些人经常在公司留到很晚，也不是在处理公事，而是在做一些无关紧要的工作或私事，只是怕早点离开会被人说闲话，或只是在等老板离开。明明人在公司，但心早已飞出门外，这样的加班究竟意义何在？

当然，也有些人一旦全心投入了工作以后，或许是使命感，也许是责任感，也可能单纯是自己放不下。即便下班了，人已不在办公室，但心却还系着工作，许多解决方案、执行细节或工作行程一直在脑袋里打转，这根本不算是下班，只是离开公司，换了地方继续工作而已。

愿意全心投入工作固然很好，以前的我也经常把工作带回家，或是在私人时间想着工作，但长久下来，发现这样对自己的身体及心理都造成很大的负担；同时，也对身边的家人与伴侣不公平，人明明在家，却没有好好陪伴他们。直到自己慢慢改变工作方式，尽量准时下班，将事情做有效率的分工，并充分信任同事的处理能力，下班之后除非必要，一概不处理公事。现在回想起来，这样的改变并没有让工作成效降低。

下班后不再思考工作，并不等于不认真工作，反而是好好休息、好好放松，这样才有充沛的精力继续接下来的工作。或许，有些人觉得认真赚钱才会有生活品质，但也别为了赚钱而毁了自己的生活品质。

对事业有使命感很棒，愿意承担起工作责任更值得赞扬，想要迅速完成交办的任务也没有错。但是，那些爱你的人并不需要你多么飞黄腾达，他们只期盼所爱的人能平安健康，多一些彼此陪伴的相处时间。

请不要一直使劲往前冲，而是懂得休息再向前。走累了就要休息，你已经很努力了，让自己好好喘口气并没有错。

请试着放下“就是因为不肯牺牲自己的时间才不会成

功”的执拗。除非是自己创业，否则我们那么努力了，但得利的还是那些公司大老板。完成自己的分内工作，行有余力再帮助同事，这样就已经是功德圆满，不然还要牺牲多少才够呢?

成功的定义并非单一，能够好好体会并享受生活，那也是一种成功。

或许有一天，**你会发现最成功的不是自己努力认真工作，而是终于懂得适时休息。**好好休息，听起来简单，其实，对于认真的人来说并不容易。调整步伐、放松身心，工作其实更能做得又快又好。今天好好工作了，也请好好休息，明天又是美好的开始。

不必给自己太大压力，放松心情，就是一种让自己可以重新开始的方式。请给自己一点时间。无论是放松的时间、相处的时间、思考的时间、原谅的时间、接受的时间，或者是骂人的时间。

公司不是适合交朋友的地方

上班结交朋友并不值得花心思，先求不树立敌人就好，能够妥善完成任务才是优先选项。

在你的观念中，公司就该像个大家庭，彼此相互照料、感情融洽。也许你的个性就是爱交朋友，喜欢与人打成一片，却没想到同事之间的关系很冷淡，甚至你的热心反而会把气氛弄得更僵。这样的氛围让你感到泄气与沮丧，认为这个环境并不是自己所向往的如家人般彼此关心照顾，或像兄弟好友般愿意彼此情义相挺，因而动了离职的念头。

同事之间能够彼此相互照顾，然后为了共同目标大家一起努力的氛围当然很棒，只是拥有这样和乐融融的企业文化的企业并不多，可能在小型企业概率还比较大。一旦公司到了一定规模，制度与规定就会让它走向僵化和理性。

事实上，职场本来就不是让人以“交心”来建立关系的地方。必须先明白一件事：绝大多数人是为了过生活才去上班的，他们单纯只想用自己的脑力与劳力进入企业以换取所得而已。交朋友并不是他们的优先选项。

职场关系的重点是——**把自己分内的工作做好，不要影响别人，把该做的事情做好，自然就会赢得他人的尊重与好感。**

“做人”固然重要，但不把事情做好，别人连让你做人的机会都不会有。在职场中，良好的同事关系并不在于你花了多少时间嘘寒问暖，也不在于你花了多少精神投其所好；而是你在自己的位置上展现出该有的价值。刻意地讨好，故意地迎合，只会让人觉得你不太专业又不会做事，与其如此，还不如用自己的做事能力来让人信任、让人尊重。

喜欢交朋友并没有错，那可是很棒的人格特质，只是在公司里，你必须把结交朋友放在次要位置，先努力完成交派的手头工作，好好扮演自己在公司里的角色，心有余力再协助同事完成工作，至于与同事间的关系就别强求，合得来的人自然会慢慢走在一起，合不来的人再怎么讨好也没有用。

如果你真的很在意人际关系，不如先调整自己的心态，就算再怎么受人欢迎，个性再怎么讨人喜欢，都不可能让每个人都喜欢你，更不可能跟每个人做朋友。职场里难免会牵扯出权力、金钱、竞争与责任，在这样充斥着利益冲突的环境里，“朋友”这个角色其实是很难扮演的。

不求每个人都要喜欢自己，只要有不少人认可你的实力、支持你的决定就足够了。同事的讨厌、反对，多少会影响自己的工作表现，但只要完成该做好的事，就不怕别人的攻击，稳稳地屹立在自己的位子上。

公司从来就不是用来证明人缘好的地方，同事未必能成为朋友，但我们可以从他们身上找到值得自己学习的部分，一同在工作上成长。或许某天终将在人生道路上分道扬镳，然而你会发现，他们或许不是能够情义相挺的好朋友，却是在工作中能够共同合作的好伙伴。

试着走别人的路，看不一样的风景

别人的决定与判断，或许不是你能接受的；不如试着接受现状，其实也没有想象中那么糟。

你可能曾在职场上遇到类似的情况：长久以来，你都是用同一套方法在处理工作的，但是主管偏偏要推行全新的作业模式，要求大家用完全不熟悉的流程去处理原本熟悉的工作，你认为那根本是浪费时间与资源的决策。或是，主管或同事做了某个决定，以你多年的经验判断，怎么看都是不明智的抉择，于是开始消极以对，不愿配合对方的做法。

若遇到类似情况，老实说，不必先急着否定别人的决定，说不定你建议的方法也并不是很高明。我们只是很习惯用自己的经验与逻辑来思考事情，很有可能只是看待事情的角度不同，本质上并没有是非对错，与其抱怨、抵触，还不如把自己该做的事情做好比较实在。

不要一味地觉得别人的能力不强，也不要始终认为别人的判断有问题，很可能只是他们所看重的与你心中的答案并不相符。同样地，不要觉得是自己的想法不对，而只是彼此心中的优先顺序不同，看待工作的角度也不同。

或许，事情的最后走向与你的期待有落差，但也不必感到失望，只要做出决定的人愿意承担责任就好。不如放下己见，试着全力支持，说不定还能从中学习到意料之外的经验。

在职场上，大部分的麻烦都是来自“人”。每个人都希望自己的工作能被人支持，希望自己的意见能被人接受；但反过来，别人何尝不是也希望如此呢？坚持己见未必能成功，能够去支持他人的工作、接受对方的意见，其实也是另一种成功。

在工作中，我们最该接受的是功成不必在我。要明白自己不可能万事精通，同时也要懂得别人不可能事事圆融，难免会有没照顾好周遭他人心情的情形发生。

工作当然不可能一路顺遂，是否能完成任务，不只是决定于个人的职能专长，还有面对他人反对或无人支援时的态度。该冲刺时就努力向前，该退让时就放下成见。相信自己，也要支持伙伴，时时提醒自己：**工作，不是生活的全部，只要能完成任务，不必什么事都非得用自己的方式不可。**

总有一天你将会发现，最难得的不是自己能够把工作做好，而是终于懂得接受无法改变的现况。要接受一个自己原本不认可的事情，难免会感到无奈，可是，当你去尝试了那些平时不可能会用的方法，很可能发现自己过去的坚持实在太愚昧了。有了这种崭新的经验，对我们来说，或许是宝贵的人生财富。

自己所认定的，可能是正确的，但未必是最好的，试着走别人带领的路，说不定会出现让人惊喜的风景。

事情不难，只是把事情想难了

有时，并不是事情有多困难，而是你把事情想得太难。
问题不在于工作内容是什么，而是你能做到什么。

在职场上难免会遇到一些棘手的工作难题，或是要进入从未接触过的陌生环境。这时，若没有足够的信心，又不是在所熟悉的状态下进行，会使得看事情的角度显得消极，对于自己所下的判断也会多一些迟疑。

这些都是自我限制，把眼前的事情想得太困难、太麻烦，其实，我们并没有想象中那样无法适应现状。不妨试着转换心态吧，虽然无法决定事情的走向，但至少可以选择用什么样的心情去面对。有些事情既然已成为现实，不如尝试着去面对，完成手上的工作。

人并不完美，不可能每件工作都能做得很好，而工作也不会因为你而改变内容，我们能做的，就是想办法完成手上的工作，以及适应身边的环境。能力尚且不足也无妨，先做自己做得到的就好。若一个人明明有能力却不愿好好用心，那才是对自己对工作的不尊重。

没有人天生就会做好事情。但是，做好该做的事又愿意对工作用心，这通常是因为你不想给同事造成困扰，并且想对自己的良心与责任有所交代使然。一个人能对自己的工作用心，就是了不起的决心。因为你明白，或许公司或同事会对不起你，但你无论如何都要对得起自己的工作。

生活并不轻松，工作也不容易，偶尔需要抱怨，难免需要发泄，如果不调剂一下，迟早会在脑内爆炸。但是，一直抱怨是没用的，如果你没有想办法突破现状，就得认命顺从现状过日子；如果你不想改变也不想认命，这样的逻辑不是很奇怪吗？

不必一直抱怨工作困难、麻烦，我们是有选择权的，不是选择好好解决它，就是选择认输彻底放弃。既然你放不下自己的责任，情绪发泄完了，就重整旗鼓再尝试一下，只要愿意尝试、愿意学习，所有工作难题最后都会迎刃而解，遭遇到的那些困境最后也都会化险为夷。

一个人的成熟或许跟经验有关，但心态的影响应该更大。

被人批评、误会，或是在工作上遭受失败，无论年纪多大，该生气的还是会生气，该难过的还是会难过，并不会因为年纪长了就百毒不侵。而是要转变心态，懂得接纳不同的意见，学会在失败中记取教训，明白与人争执、抗辩是没用的，我们能做的就是让自己更好。

照顾好自己，处理好工作，是自己的责任，没有人应该协助你，而愿意帮忙的人就该好好感谢。

期许自己要能解决任何难题与面对全新挑战，不是为了向公司交代，而是给自己交代，代表你过去所经历的一切并没有白费。你可以证明，只要是自己想做的，最后你都能做得到。

第二辑

你的善良必须有点锋芒

如果一个人总是利用你的善良，对你的好意索求无度，把你的用心当成了心甘情愿，必须适时点醒对方已经踩到底线了。

不被接受的善意，是浪费

用善意去理解别人的恶意，用珍惜去感谢别人的用心；别让自己的心意成为别人的压力，让自己的付出成为人生的投资。

总会有各种类型的人，在我们似长似短的人生里来来去去。有些是来上课的，有些是来给予支持的；有些是来让我们逐渐变好的，有些是来为我们承担的；当然也有带来痛苦与难过的。漫长的人生旅途中，人与人之间，有相遇也会有错过，最终仍会有人愿意与你一起跌跌撞撞，慢慢摸索出将来的方向。

若是能碰到合得来又能够相互扶持的人，简直是难得的幸运。可惜，更多的遇见，却是冷漠与无情。人一走，茶就凉，是一般的社会通则；人刚到，茶已凉，这才是常见的人情冷暖。

我们没有必要因为别人的不友善就以牙还牙，或是无故迁怒他人。任谁都有情绪，但不代表不开心了，就要别人跟着自己不开心。试着为自己注入一些温暖、成熟与体贴，那是加深人与人之间联结的催化剂。尽量用善意、关心与理解，让身旁的人感到安心。

我们难免会遇上和自己无法相处的人，却不表示他们是糟糕的人。有时，我们好像感受到对方的恶意，很可能只是彼此的想法与做法不同。试着站在对方的位置思考，去理解他的态度为何如此，“为什么会这么做？”“为什么会这么想？”这样一来，比较容易接受对方与自己的不合拍，也会乐意给予对方一点点帮助。

要记得那些在你难过时努力逗你笑的人、在你担惊受怕时陪伴你的人；要感谢那些在你受委屈时仗义执言的人、在你需要帮助时伸出援手的人。正因为有了这些人，让我们深信这世上不是只存在着冷酷，还有温暖；让我们没有因为现实而变得现实，而是成为仍然愿意适时给予他人幸福的人。

不要一直想着要去改变或补偿别人，这种自以为的心意，在别人眼中，说不定是一种无形的压力。不妨试着将“改变”与“补偿”的想法拿掉，而是要单纯地去支持或协助一个人，对方需要什么就给予什么。请记住，我们要给的是帮助，而不是压力。

不被接受的善意，就是一种浪费。

有些人认为付出就是失去，千万别这么想，要把付出当成投资。因为付出而感到快乐，因为快乐又想要分享，分享之后可以获得更多的反馈。

善意、开心、关爱与幸福，**这种正向的力量都需要与他人分享、彼此交流，否则，那些美好就会像没法充电的电池，不停使用却没有补给，终将流失殆尽。**学会给予温暖，才能获得更多温暖；懂得付出，才能有更多回报。做人不要太计较，凡事不要爱比较，将心胸稍微放开一些；给别人方便，自己也会得到方便；让别人快乐，自己也会得到快乐。

我们未必要多么热心、热血、热情，只需要成为一个真心、贴心、善心的人就好了。

做好自己该做的，解释不用多说

有些事你只需对自己负责，不必多做解释，除非这件事会影响到别人。有时，太多的解释只会为自己带来不必要的麻烦。

多数人都希望自己能被身旁的人所喜爱，并且被支持着。因此，每当在决策一件事时，往往会以“这个决定是否为身旁的人所期望、所想要”为标准来做判断。当下定决心选择了某个答案后，就会非常期待别人能够理解自己的想法，若是对方不了解或有所误会，便会倾尽全力去说服、去澄清。

在意别人的意见与感受，那是体贴。若这件事情与他人没有直接的关联，也不会造成别人的麻烦，那么，倒也不用过分在意他们的想法，而是顺从自己内心的渴望，去尝试真正想做的，万一最后失败了也无妨，反正没有人能帮我们承担，终究还是要自己负责。

每个人都有适合的角色，何必硬要扮演他人期待的角色？这种需要刻意演出来的“角色”，通常画虎不成反类犬，演得做作又别扭，别人也未必喜欢。不如把适合自己的角色做到最好，虽然还是无法顾及某些人的喜好，但至少是自己心甘情愿也能完成到尽善尽美的角色，说不定还更有可能吸引不少人喜欢呢！

人的想法既复杂又主观，不必期待每个人都能理解自己，也不要天真地认为多数人的想法会与自己相同。我们的主观价值会影响对每件事情的判断，可以试问自己：你真能认同每个人吗？若无法认同，那又怎么能让每个人都认同自己呢？当一个人已经认定事情该怎么做、结果是什么，即使做再多解释，在他人看来，那全都是辩解，那全都只是想要撇清、脱责的片面之词。

如果这是你自己的事，并没有造成对其他人的伤害，甚至连影响都说不上，究竟你何责之有？

很多时候，当人与人之间已经形成了既定成见时，你做再多说明、再多接触，都无法扭转对方对事情的看法，只因为你们之间从根本价值观上就已不相同，多余的解释也难以拉近彼此的距离，反而会衍生出更多的误会，说不定他对你的反感指数只会飙高而无法转降。就拿老鹰与老鼠相比，两者的思考、逻辑与视野是完全不相同的，再努力沟通也是徒劳。

那些真正需要你负责或自己真正想做的事情，与其花时间与精力向别人解释，不如把那些时间与精力全用在落实自己的想法或者是改正已经发生的错误上。已经发生的事实，不必再去多做解释，总有一天会被证实；而尚未发生的事情，也不用我们多做说明，还是要等到发生的时候，才会明白结果的好与坏。

没有人可以代替你过生活，你只需做好自己该做的事，因为这样已经不容易也不轻松了。

成见，大家都有，不要被束缚

喜欢一个人，就算他臭脸，你也觉得可爱。讨厌一个人，就算他示好，你都觉得厌恶。这就是成见，当然有可能改变，但很难。

每个人都有自己的思考逻辑、自己的价值观，当然也有自己的爱恶偏好，因此，对于生活周遭所发生的任何事都自有定见。不管你承不承认，对于他人的外表、心态、做事方式，以及待人处事，甚至饮食习惯等，在你心里或多或少都存在着成见，亦可以称之为偏见。

没有人能够做到真正的公平、公正，谁都有爱或不爱的东西。有时，总以为自己是对事不对人，会责备、批评一个人，那是因为他没有把事情做好。一旦你觉得某个人经常做错事或下错决定，那个人之后不管做了什么，你的潜意识里便早已主观认定他就是个总把事情做不好、下错判断的人。

而且你根本没有察觉，这时的自己其实已经变成对人不对事，就算那个人没做错事或事情根本没那么严重，你也会完全接受不了。在你的框架中，就已经认为他肯定有问题，然后没事变有事，小事也成了大事。

不妨想一想，当我们认为某些人的做事方法与思考逻辑简直是令人匪夷所思、不可理喻时，说不定对方也正怀抱着同样的心情看待我们。每个人的成长背景、社交圈或年龄层完全不同，彼此之间也没有任何交集，因此，如果价值观与思考逻辑会背道而驰也不用太意外。老实说，在这种情形之下要沟通，效果很有限，因为双方无法完全理解彼此的想法，以及言语之中所藏有的含义。对立，就此形成。

除非有人愿意放低姿态、放下成见，心平气和地交换想法，稍微地妥协与让步，僵局才有机会被打破。遗憾的是，多数结局是不得不保持距离，因为无论如何你都无法理解对方的想法，硬是要接近，只会产生更多摩擦与伤害。

请记住，没有人应该喜欢你，无论是在哪一段关系里，友情或爱情都一样。**不是全世界都围绕着你转，相对地，你也不该只绕着某个人转。**

我不喜欢吃榴梿，如果你硬要我吃，我可以勉强地吃，但并不会因为愿意吃了就会变得喜欢。这就是我的喜好，当喜好已经形成，就很难改变。愿意去吃，纯粹只是不想让它成为彼此关系上的障碍。

既然明白了每个人都有自己的价值观与喜好，当有人质疑你的做法、反对你的想法，甚至讨厌你这个人，势必令你感到痛苦难过，但最终会有对这些冲突释怀的一天。因为你知道，自己不可能改变别人，就像别人无法改变你一样。面对那些对自己的误会、成见与非难，只能一笑置之，就算笑起来很苦、很丑也没关系，笑着笑着，这一切便会慢慢消失不见。

你的任何决定与做法，都是起因于自身的价值观，别人的价值观是无法套用在自己的身上的。我们也不要一直试图用自己的逻辑与喜好去影响他人或评价别人，该改变的，自然会改变。

不能因为我不喜欢吃榴梿，就不准别人吃榴梿啊。

一个人，不难

习惯独来独往并没有错，不必勉强自己融入团体里，选择自己最自然、最舒服的状态与人相处就好。

有一次，我听见老妈很骄傲地对亲戚说："阿飞小时候很乖，别的小孩在顽皮捣蛋，他都一个人坐在角落里玩自己的玩具，不吵也不闹。"说实在话，我妈的观念怪怪的，这应该不是很乖，其实是孤僻、无法融入同伴中。一般人看到小孩有这种行为时，都会担心他有没有问题，不会是自闭症吧？结果，她不担心就算了，反而还引以为傲呢！幸好，长大后的我没有自闭症，虽然随和、好相处，但真的不太擅长社交，也不太习惯与人交心。

之所以会提到我妈说的话，只是想证明我从年幼时期就非常习惯独处。我很耐得住寂寞，懂得打发自己的时间，很享受一个人的状态，光是在家独饮咖啡、听着音乐、阅读或上网，这些对我来说都是既充实又愉快而能填补时间的事情。

一个人可以做好多事，比方说，到影城看电影、上餐馆吃火锅、去风景区走走，就算独自去做也不会有什么特别奇怪的感觉。但我经常听到别人说这些事情，要是一个人去做绝对无法轻松自在。每个人的个性不同，当然不一定像我一样可以适应独处的生活方式。但是，如果连一个人的生活都过不好，怎么可能经营好两人份的幸福？在爱情里头，有很多时候是需要面对独立与自处的，假使做不到，这段感情很容易走向崩坏。

面对爱情，要对别人好，便要先懂得对自己好；你要喜欢别人，就得先懂得欣赏自己。爱的美好，不是等着别人给予，而是必须自己先给予，把自己的生活依附在别人身上，那是不负责的任性，也是不稳当的危险。

一个人，只是生活的一种方式，不是什么困难的状态。难免寂寞，却也不必感到失败或无奈，如果不懂得一个人自处，又如何与其他人相处？自己想达成的目标不要指望让别人来完成，而是找到一个适合的伙伴，一起创造共同的目标。

如果你想要习惯独自面对生活，首先就要改变“认为自己一个人做是奇怪的、可怜的，或寂寞的”想法。一个人看电影可以选择自己想看的，不必为了迎合别人而错过；一个人旅行可以视当下的状态随时更改行程，不必考虑别人是否喜欢；一个人吃饭可以专心品尝食物的美味，不必分心去思考聊天的话题。一个人做这些事，不必感到不好意思，因为多数人根本不在意你，只有自己在意而已。

我们不该期待每个人都会喜欢自己，也无法跟所有的人都合得来。万一有人不喜欢你，甚至伙同别人一起排挤你，那种只剩一个人的心情，肯定既难过又气愤。**正因为只有自己，才要试着坚强，找到可以排解心中难以抒发情绪的方法，即使做不到处之泰然也不要轻易示弱。**那些喜爱欺负、排挤的人最喜欢看到你招架不住的模样，一旦畏缩了，他们就会乘胜追击，无法停止。

可以享受一个人的日子并不是多么厉害或值得炫耀的事。每个人都该懂得照顾自己、善待自己，毕竟生活要自己认真过，别人也要先过好自己的生活，有闲暇、余力的时候才能陪伴彼此。

独立，不是独善其身，也不是置身事外。更应该懂得待人接物、尊重别人，以包容的心体恤身边的人和事，同时保有自己的想法与态度。

无论是生活、爱情或人际关系，学着适应一个人的时间，不要因为寂寞而恋爱，也不用勉强与人交际，用最舒适的方式面对世界就好。

一个人，其实不难。

不懂得珍惜的人，也难以被珍视

难免会有不知珍惜的人，可是，那样的人也很容易被践踏。

你一定在生活中听过某些人的“事迹”，像是把别人的诚心对待不当一回事，或是把别人对他的好视为理所当然，像这样不懂珍惜他人善意的人，其实在爱情、友情、亲情方面，一点都不少见。

这样的人很容易在态度与言语中散发出“不尊重”，说话不经思考，总是心直口快地伤害别人，却又要求别人理解，这是他们直率坦诚的个性导致的。然而，**直率坦诚并不等于伤人，那些真实的内心想法必须修饰到对方可以**

接受，否则只不过是不成熟的坏习惯罢了。或许，别人可以体谅几回，但再多就没有了，因为你得先懂得体谅。互相尊重，永远是与人相处最基本的原则。

有些自以为幽默的人很喜欢挑战别人的底线，明明说话的内容与所做的事情一点也不有趣，却喜欢不分场合轻佻浮夸、毫无禁忌。不是生性善良、愿意对你好的人，就该忍受你的戏谑嘲弄。这不是幽默，只是在展现自己的不知轻重。

没有人就该理所当然地让着你，没有人就该义无反顾地护着你，没有人就该天经地义地忍着你，不懂得珍惜这样被对待的人，自然也不值得被珍惜。

如果你的朋友属于说话不中听却不会糟蹋你心意的人，并且愿意说出你的不好及需要改进之处，这时，我们要衷心感谢他对自己的“嘴贱”如此诚实与直率。大部分的人都被这个社会训练得小心谨慎、不说半点真话，鞠躬哈腰、阳奉阴违是常有的事，很少有人会为了别人好而不怕得罪去批评。珍惜这种“嘴贱”“毒舌”的家伙，他的尖酸刻薄，或许只有真正的朋友才听得到，那是一种真诚不虚伪的友情。

在不熟识的人面前，总会将自己美好的部分展现出来，那不是虚假，而是与人相处的基本尊重。

若你连不好的部分都大咧咧地显现，对方即使不喜欢却也选择包容，还愿意指正你的缺点，也懂得欣赏你的优点。身边有这样的朋友还不珍惜，那你该珍惜什么呢？

很多相遇的情形是，一个人兴冲冲地走来，两个人气呼呼地分开。但也一定有人愿意一路上陪伴着你，就算吵吵闹闹，或是大起大落。人在情在，那是很正常的事情；树倒猢狲却没散，那才是真正的情谊，请珍惜愿意这样一路相伴的人。

想要的，通常都不在你手中；而在你手中的，却变得不想要。人就是在获得与失去中慢慢成长，在前进与跌倒中逐渐领悟。在我们身边的人也总是来来去去，懂得珍惜你的人就会留下来，不懂得珍惜你的人你也不必强求，不用执着于某些人对自己不好的态度与观感。或许，有些人与我们相遇，并不是为了陪伴或让我们喜欢他们，而是单纯让我们在彼此的关系中学习与成长。

珍惜要及时，虽然没有什么是过不去的，但有些人、事、物过去了就再也回不去了。

诉苦，请适时、适量，适可而止

别轻易向旁人诉苦，只有一成的人愿意倾听，八成的人没兴趣，剩下的那些人则会看轻你。

生活中难免会有不开心、不顺利的时候，遇到时，总会自我精神喊话，要自己坚强，要自己勇敢度过。可是，再怎么为自己打气，还是会有泄气的时候。这时，心中浮出来的痛苦和委屈多希望有人能够倾听、了解。

诉苦没有不对，它是宣泄负面情绪的方式之一，若把负面情绪一直压抑在心中，那才是最大错误。就像是一只不断充气的球，如果不泄压，总会有爆掉的时候。

做任何事、说任何话都要适时、适量，更要选择适合的对象。不是每个人都愿意听别人诉苦、抱怨，以现实状态而言，大部分的人是自顾不暇，光是处理自己的事情都已经身心俱疲，光是面对自身的人际关系都已经心力交瘁，更没有多余心力再去倾听他人的痛苦与烦恼。

如果你是那种时不时就对别人诉苦或发泄情绪的人，有些人或许会勉为其难地听你说上几句，但是，也有些人会在表面上假装关心，内心却悄悄地看轻你这个人的性格与处事态度。

你无法去怪罪这些人，不论他是勉为其难或虚情假意，因为他并没有听你吐苦水的义务，你也不该让他无条件去接受自己的负面情绪。就算是垃圾桶，也会有装满的时候。

偶尔有不好的情绪与遭遇是很自然的，可是，不代表自己不开心就希望周遭的人也要跟着一起难过。想要成为一个成熟的人，就必须试着学习用体谅与适当的态度，让身边的人不要因为与自己相处而备感压力。

或许，所谓的成熟，只不过就是学着在别人的面前假装没事。

偶尔需要诉苦，没关系，别人会体谅的。但是，还是有很多事必须靠自己。很多事，别人不能帮你做。很多话，别人不能帮你说。很多路，别人不能帮你走。很多问题，别人不能帮你解决。当你感觉不好的时刻，很可能都是自己过去做得不够好所造成的。

面对那些让你感觉不好的人、事、物，何不路不转心转呢？当你信心满怀，别人看见的是鹤立鸡群的你；当你沮丧失落，别人看见的就是不值得托付的你；当你伤心难过，别人看见的就是脆弱可怜的你。你的外在形象，全来自你的心。

带着爱计较、太随便的心，任何时候都感觉不到快乐，才会想不停地抱怨。**将心放大一些，再带着一点宽容看待一切，每件事都只是小事，每一天都是好日子。**

“人要往好处想。”现在不开心未必今后就这样不开心下去，有跌就会有起，开心的时刻总会来临。或许，要感谢曾经的不快乐，才会更加爱惜即将到来的开心日子。

不做连自己都讨厌的人

如果做不成别人喜欢的人，至少不要变成自己讨厌的人。

你最常为了什么事情而烦心？工作、学业还是金钱？

我曾经想着这个问题，探究不快乐的源头到底是什么。仔细推敲之后才发现，全都来自“人”。希望能被人喜欢、被人接受，还有被人赞赏，于是担心自己不被对方欣赏，甚至害怕被讨厌。生怕自己打不进朋友圈，在意自己做的事情不被认同，老是怀抱着这样的心情，日子当然开心不起来。

年少时期的我，因为担心自己不讨人喜欢，经常违背个性以迎合别人，那种戴着面具应付一切的生活，让我十分疲惫。直到过了很久之后才有所体悟，就算被某些人讨厌，就算不被某些圈子所接受，世界也没有因此毁灭，我还不是好好地活到现在？或许最该加强的，不是迎合别人的技巧或隐藏自己想法的演技，而是面对挫折与嘲弄的勇敢。

我们要明白，不可能所有人都会喜欢自己，要看淡别人的不接受，同时也包容别人的不完美，或许这样不一定会让你感到开心，但我相信至少可以慢慢放开心。放开心之后，我们就能慢慢释怀，不是每个人都能长袖善舞的，不必勉强自己去社交。朋友多，不代表生活一定比较快乐，快乐是需要自己发掘的，别人的都只是锦上添花而已。

我们在人生的旅途中，忙着认识各种人，每天汲汲孜孜，感觉像是丰富生命。可是，真正最有价值的，到头来还是认识自己。最该努力追求的、认真经营的，就是铺出一条找回自我的道路。

你，或许不完美，也可能不会受到每个人的欢迎，但千万别连自己都讨厌了。你可能无法知道别人喜欢什么，但至少知道自己讨厌什么；自己不喜欢怎么被对待，就别那样对待别人。被人欺骗了，就不要欺骗别人；被人伤害了，就不要伤害别人。**不是别人这么做，你就该照着做，**

好像跟别人做同样的事，就不会吃亏。其实，失去那个原本正直善良的你，那才是真正的不值。

不必羡慕那些受到大家欢迎的人，正因为有太多人的陪伴，当独自一人时反而更显寂寞。这样的人不愿自己影响周遭朋友的心情，于是戴着名为“开心”的面具出现在众人面前。结果，没人明白他的真实心情，反而让他更寂寞了。

在历经了无数的社交关系之后，我学到了一件很重要的事：不去做让自己讨厌的事。懂得自爱了，做人处事也对得起自己，就算他人未必喜欢我，也至少不会讨厌我。就这样保持友善的态度与适当的距离，如此的交往模式说不定还能维持得长久。

或许有一天你将会发现，最开心的不是自己被人接受了，而是你终于能够好好接受了自己。

敌手才是让自己茁壮的恩人

陪伴你成长的，通常是朋友；但是，真正让你成长的，很少是朋友，大部分是敌手。

从小到大，你的身边至少会有一两个很要好的朋友，无聊时一起打发时间，受委屈时起身相挺，难过时陪伴打气。正因为有他们，你才能安然度过那段对未来彷徨不安的青涩时光。

这些好朋友可能无法一路陪伴，而是在某个时期因为某些原因离开，比方说搬家了，去外地求学了，或是彼此有误会了。相处时间的长短并非重点，要感谢的是，他们分别在不同阶段出现，陪伴我们走过一段不轻松的成长路。

但是，在这条成长的道路上，真正使你茁壮、成熟与坚强的，不一定是这些朋友，往往是那些曾经伤害你、打击你以及看轻你的人。当恶意对待的人出现时，我们才懂得这世上的人情冷暖，才清楚原来有一些人是抱持着竞争与敌对的心态在看待自己。他们时时思考着如何打败别人，与他人竞争、计较。老实说，每个人都是全然不同的个体，都是独一无二的存在，明明是各有所长的人却硬要争抢相同的目标或位置，岂不是很可惜也很可笑的事情吗？

不过，现实社会是鼓励彼此竞争的，使得很多人会认为除了自己以外的人皆是对手，只要有人靠近便会立即产生敌意，不仅心中讨厌，甚至动不动就用言语攻击，或是借助人际力量来排挤。

你或多或少也会碰上这些攻击，一开始的伤害让你不免怀疑，是自己的问题吗？是自己能力差吗？难道从此就被人讨厌吗？于是，你开始在心中筑起高墙，跟别人较劲竞争。其实，你根本做不来这些伤害别人的事。直到后来的后来，才知道真正的对手，不是别人，而是更好的自己。我们该做的，是想办法让身边的人跟自己一起成长、一起变好，而不是打击别人只为了坐上更高的位置，却换来自己的不快乐。

因为那些把你当成对手的人，使得我们把坚强当成理所当然，遇到让自己再委屈的事情都可以一肩承担，咬着牙硬撑过去。你怕的不是吃苦，而是怕有人替你担心；你最不愿的不是负责任，而是造成别人的负担。

被讨厌的人不一定需要勇气，只要看开了，就什么都无所谓了。

有些人会想攻击你，有可能是你不自觉地踩到别人的底线，或者是你有什么比别人优秀的地方藏不住，而这些都不是自己能控制的，所以无法避免。但是，也因此让你明白自己该注意别人的感受，懂得别骄傲自满。**成长最好的部分，就是找到对自己好的方法，明白要自爱，有一点点自恋，然后适时地自嘲。**当遇上不开心、不顺心的时候，便有了调适心态与排解情绪的方式。成长会让我们发现什么是重要的，比方说，与别人竞争、与他人计较就是一点都不重要的。

看开了，那些恶意就伤害不了你，能够伤害你的，是自己的在乎。想要将日子过得舒适自在，就要懂得包容与宽恕，包容那些我们爱的人，宽恕那些误会我们的人。

我们永远都有敌人，却永远不会变得无敌，但我们的能力会随着打怪而不断升级，说不定还有好战友陪着你一起冲向下一个关卡。

底线是保护自己，也是保护别人

总会有人让你知道自己的底线。但真正厉害的是，也有人可以不断突破你的底线。

我们总会假设对方“应该不会那么不识相吧？”或者是“应该不至于那么笨吧？”但结果往往是——原来他就是。

有些时候、有些场合，总是会有人说出不得体或逻辑不通的话，甚至每一句还带有攻击性、针对性的字眼。还有，不时会遇到有些人用异想天开的方法做事，或是用令人匪夷所思的想法来论事。你一直觉得自己称得上和善、有耐性，没想到一碰上他们，心中的怒火就这样轻易被点燃，而情绪爆发简直比地震带的地震还频繁。

与人相处时，10 个人之中，能找到与自己合拍、相处愉快的大概只有 1 个，通常会遇见 8 个讨厌鬼；剩下的那 1 个，则是有事发生就要找你当替死鬼的。

这个世界上有那么多人，或多或少难免遇到无法认同或不可理喻的人，我们无法理解对方的判断依据为何，也不明白对方的逻辑如何演算，只是他所说的话或所做的决定，都会让你忍不住翻白眼。你要做的，就是把自己该表达的表达出来就好，别奢望对方都能懂，就像你也不懂他一样。

没关系的，翻翻白眼也是一种眼球运动，明天又是崭新的一天。

每个人都有自己的观点，我们应该体谅；每个人都有言论自由，我们应该尊重。但嘲笑并不算是幽默，攻击也称不上高雅。待人处事要懂得察言观色，说话要留点余地，期许自己可以体谅并尊重别人。

我知道，你的不说破不是不懂，而是想要保持彼此之间的关系，或是根本不在乎。但面对一个人的糟糕，还是该设下底线，心中的善意不该被随意对待。如果一个人总是利用你的善良，对你的好意索求无度，把你的用心当成了心甘情愿，这种包容说不定还会害了他。

我们都想当好人，但是对待某些人，偶尔要当个善良

的恶人，必须适时点醒对方已经踩到底线了，这样才是真正地为他好。

既然能够与自己合得来的人不多，想法不可理喻的人也不少，不妨带着平常心来看待吧。完全看淡是不可能的，但请不要让负面情绪停留太久。我偶尔也会因为某些人而烦躁，对某些事情或工作感到无奈，也都还是在每晚睡前原谅了那些人和事。闭上眼睛，清空杂乱的心，过去了就让它过去。

无论今天发生多么糟糕的事，明天都会出现不同的境遇，把已经发生的留在过去，因为我们要保留应对即将发生的未来的力气。

你的底线被突破了，那就重新拉一条吧！如果是你突破了别人的底线，也该帮人好好地拉回来。

就算别人没有微笑，我们也不该臭脸以对

有时，别怪对方没有笑容，或许，他原本的笑脸已经贴过太多人的冷屁股。

有句话是这么说的："微笑，是打开所有人心灵之门的钥匙。"我在《只要好好过日子》里也提过，微笑是我们所拥有的最值钱却是免费的礼物。笑容是人际关系中减少摩擦的润滑剂，也是拉近彼此距离的黏合剂。

但是，多少还是会接触到态度冷淡、表情难看或口气不好的人，心中不禁犯嘀咕，自己到底是招谁惹谁，何必无缘无故讲话口气那么冲、摆张臭脸，好想冲向前质问他凭什么用如此糟糕的态度来对待自己。

笑脸迎人，在人际关系与职场关系中都是值得称许的态度。不过，我们无法要求每个人在任何情况、任何时刻都能保持笑容，毕竟我们是人不是机器，情绪难免会有高低起伏，无法维持在同一个温度。明明伤心难过却还要堆出笑脸，真的有点强人所难，又不是“影帝”“影后”，没办法演得那么专业、完美。

若遇到态度不好的人，心里肯定会不好受，但先别急着责骂，不如试着去体谅，用关心的态度询问原因，很可能是他原本的笑脸已经贴过太多人的冷屁股，再多的热情也会被那些冷冰冰的无情给浇熄殆尽。

心难免会累，说不定现在的他只想一个人静静地消化掉那些不愉快。明天，再多冷屁股他也都能笑着以热脸面对。

臭脸不代表人坏，只是没有预期中的那么友善。**认识一个人，不是从其他人的嘴巴去了解，也不是从刚开始的接触就判定，必须靠长久的相处才行，定论永远不要下得太早。**有些人看起来冷漠，说不定只是慢热；感觉难相处，其实只是彼此还不熟悉。不如交给时间来琢磨，说不定对方比你想象中还要爱笑，还要友善。

人情冷暖，就如同花开花谢，这些你我都懂，有时候自以为够成熟了，却还是被别人的情绪或言语所伤。那些伤害总是需要时间来排解。

与人相处，将敏感度调低一些，神经拉粗一些，若将那些话放在心上太久，伤到的只会是自己。有时候，说者无心听者有意，别人随意的一句话，都要在心里胡思乱想一大圈，若是这样对待每个人所说的话，未免也太累了。

一个人成熟与否应该和自己的选择息息相关，选择只说该说的话，只做该做的事，只爱该爱的人。人与人之间的感情也许可以比喻成玻璃杯，太过谨慎地捧着它，反而会让人觉得太慎重而心生退意；一旦不把它当成一回事，就容易摔得支离破碎，再也恢复不了。其中的分寸不好拿捏，是一生的课题。如果在你身边的人是“钢杯”，那你一定是上辈子烧了高香。

如果我们自己能先成为“钢杯”，那待在身边的人就更有可能是“钢杯”。如果可以，再试着让自己升级成能够保存温暖的保温杯吧！

朋友的秘密不该是交朋友的筹码

不必拿别人的秘密来增进我们的友情，因为我不希望自己的隐私被拿去讨好别人。

交朋友应该都是抱持着信任的态度，想法也很单纯：正因为是朋友，才分享彼此的心情，所以畅所欲言，例如，说一说对其他人的看法、讨论对某些事情的感受。但是，有些人交朋友的方式会让彼此的信任度瞬间降到冰点。因为他向来习惯讨好别人，又想展现自己消息灵通、人缘特好或交友广泛，那张嘴总是会毫无遮拦地将朋友告诉他的事说给别人听。

这样的举动是错的吗？他只不过是想要讨好别人，又想刷存在感。可是，利用朋友的秘密、隐私来展现自己的八面玲珑，那可不是什么值得鼓励的事，却是许多人都会犯的毛病。他们希望别人接纳自己，却忘了无论我们做什么，还是有人不买账。或许有人喜欢听八卦，但我相信有更多人不喜欢探人隐私。真的没必要把时间与精力花在讨好别人身上，何况是用自己或朋友的私事去交换更加不值得。试着做好自己，自然会吸引到适合自己的朋友，根本不用费心讨好。

交朋友并不是用来证明人缘好，也不是排遣孤单，而是从他们身上找到自己该学习的地方。朋友会为了你的快乐而快乐，为了你的难过而难过。我们从不缺玩乐的朋友，也不需要那种爱打探别人八卦的朋友，而是需要真心相待、彼此相挺的伙伴。

最难过的不是被人恶意中伤、冷嘲热讽，而是当自己想要抒发心中巨大痛苦，借此寻求他人的帮助时，却受到轻视或冷淡的对待，甚至被人拿去当茶余饭后的话题。那是需要鼓起多么大的勇气才能向人展示的伤，虽然我们对此无能为力，但至少应给予适度的安慰。如果易地而处，你也会希望别人这样对待你。

我们或许不是多么好的人，但至少可以试着当个善良的人。

我明白被人伤害与背叛的气愤与痛苦，却不希望你为此而报复。这种你伤了我便要加倍奉还的轮回，并不是成长，而是失去，失去了原本那个很好的自己，也失去了与真正值得珍惜的人交心的机会。报复未必会真正成功，到最后只是用自己最讨厌的方式在自我惩罚罢了。

如果绝交的时刻终将来到，就算对方跟别人说起你的不是，也不要把对方在开心或伤心时只分享给你的秘密让他人知道。**一个人愿意将那些能让自己烦恼、害羞或遭人耻笑的事告诉你，在那个时刻，一定是把你视为值得信任的人。不管对方是前情人或好友，还是要好好记得对方把心交给你的时刻。**虽说我们没有义务要守护它，但守护的不只是他的秘密，也是自己的人格。

有句话说："与人相处，最讨厌的就是对方不相信眼前的我，却信了别人口中的我。"

我不喜欢朋友跟我说起其他人的是非。同样，我也不希望朋友听信了其他人所说的八卦。真正的朋友会向本人求证，他会依自己所认识的你去判断，而不会轻易听信单方面的说法。那些不了解你的人，误信了别人的抹黑，其实也不值得你浪费力气去解释；真正的朋友会对那些流言蜚语嗤之以鼻，理解你的过去，包容你的现在，并且支持你的未来。

该做的事必须做，其他的就笑骂由人

因为担心被人说闲话，应该做的事却不敢做。但是，那些喜欢冷嘲热讽的人，究竟什么时候才不说别人的风凉话呢？

你发现同事的工作太多，每天都被 Deadline 追赶，想说自己手上的事情好处理，想帮忙分担，却害怕其他同事的流言蜚语，误会两人之间有暧昧，几经思考后，还是决定不多管闲事。你认为用 A 方案来执行才是正确的，可是朋友已经提出 B 方案，为了顾虑对方感受，即使明知不对还是选择沉默。你一直想要完成某个梦想，却担心别人认为自己爱出风头，导致你畏畏缩缩、裹足不前，心里明明很想飞，却连一步也踏不出去。

做事不难，做人却很麻烦。老实说，上述的案例都是我们自己想得太复杂了。**有些事情我们知道不该做，别人说什么我们无法阻止，承担自己该承担的，完成自己想完成的，其他的只能笑骂由人。**想批评的人自然会批评，看不顺眼的人也不会突然看对眼，没气度的人更不可能立刻肚里能撑船。

日剧《Dr. 伦太郎》主角伦太郎医师曾经对患者说了这句话："忌妒，经常是一只披着正义外衣而来的狼。"

每当有人受到注目时，那些酸言酸语就会应运而生，当有人开始酸你，那就表示你已经成功了。听到有人在背后骂你，那是我们走在他们前面，因为赢不了而只好改以攻击模式来试图拖慢你的脚步。其实，当你走快了、走远了，他们连骂都骂不到你。

你一定听过："我们活着是为了做自己，而不是解释自己。"人生是自己的，只需为自己负责，你只需让自己满意。当决定不再在乎别人的看法为自己而活时，难免会有看不惯的人诋毁你，甚至有无法谅解的朋友选择离开。友谊不再，固然感伤，但还是有那一两个愿意留在身边的，那才是千金不换的人。

有时，我们会不小心以自己的高度来看待别人的世界。

面对那些批评自己的人，就算冷静地向他们解释也没有用，说不定还会被认为是在狡辩；就算选择不解释了，也会被解读是心虚。既然说不说、做不做都会被人误解，不如忠于自己还比较不吃亏。

对于“满意”的理解有太多种，每个人对于“做好”的定义不同，不必用自己的标准要求别人，也不必盲目追从别人的做法。相信自己，若发现自己的不足便虚心学习，看到自己有做好的地方也该自豪，逐步地攒出一点勇气，才能做好自己真正想做的事情。

因为受到质疑、阻力而画地自限，或是受到嘲笑、轻视而自轻自贱。或许你会听到一些杂音，说自己没勇气、没才能或没耐力，不要浪费时间早点放弃也好。何必为此而消沉悲观？那些打击你的言论，绝大部分都不是事实，可一旦听信了，你也就输了。

一个人的勇气与能耐，通常是先从“相信自己”开始的。

有时的不合拍，还是拉远距离最实在

不用勉强自己去接受谁。有时，不喜欢一个人，可能是自己的内心在提醒你避免彼此伤害。

长到这么大，我们多少都遇过与朋友绝交的情形，或再怎么磨合也处不来的状况。常说要以和为贵，自己也希望与人为善，但是，即使装成若无其事好好相处，还是比较难。要选择不再与那个人往来并没有那么难，可最痛苦的是，曾经要好的两人必须经常碰面或身处同一个空间里，却已形同陌路。

不用勉强自己喜欢谁或在意谁，那是一种很难诉说的心情。莫名地不喜欢或不在意一个人，好像也只能用频率不合来交代。或许，不喜欢那个人是来自内心的提醒，心中早就认定与他交往只会互相伤害，因而保持距离。人的直觉是很奇妙的，刚认识时让你感到心里不舒服，最后很可能真的会让你痛到极点。

不必讶异自己心中的负面想法，出现厌恶、担心或难过的情绪，有时是一种自我保护机制。它让我们明白别人与自己的不同、清楚自身的不足，或是提醒此时该小心，阻止自己莽撞冒进，保持适当的空间与距离。

我们的心中一直存在着双重标准：面对喜欢的人，在寒风中等待半小时都没有关系；面对不重要的人，坐在暖气房里等待三分钟就开始飙脏话了。

不可否认，我们不可能对每个人一视同仁。对一个人有好感，即使对方犯了错，可以很容易一笑置之。当成见一落在心上，哪怕对方只是做了一件芝麻绿豆的事，就会被渲染为罪大恶极。

你可以不欣赏谁、不喜欢谁，也不要因为自己的不欣赏或不喜欢而想办法来排挤、攻击别人。别忘了，这样对待别人，很可能也会被如此对待。**不喜欢的难道就是错的？难道是不被容许的？以自己的标准来判定也未免太过自大。谁都没有权利以个人喜好去攻击或中伤别人。**

不应该让周遭影响我们，而是由自己的心出发。试着接受他人的缺点，也要包容别人的坏处。有缺点也没什么不好，正因为有了这样的不完美，也是我们身为人的可爱之处。

你不可能喜欢、欣赏每个人，也很可能常会接触到让你十分讨厌的人，我们既不是佛陀转世，也不是耶稣降临，来到世上并不是为了要宽恕或爱护每个人。身为人就会有喜恶，我们要学习如何与那些讨厌的人共处。

有句话是这么说的：“心若计较，时时都有怨言；心若宽容，处处都是晴天。”抱持着厌恶及与人斗争的心态过日子，绝不是跟别人过不去，根本是跟自己过不去而已。

遇到那些心里无法接受或不喜欢的人，最好的方式就是“保持距离，以策安全”。

不想让人讨厌，就要自重自爱

你或许觉得发泄、抱怨及下决定都是自己的事情，一旦影响到旁人，那是任性，甚至是自私。人与人之间，要的只有尊重。

经常有读者来信或私信我，希望大叔能够帮忙解惑。前阵子，有人在一个平台的粉丝专页提出一个问题：“怎么样才能受人欢迎、人缘好？”唉，那位读者真的问错对象了，如果我很受人欢迎、人缘好，怎么还会在周末假日坐在家里回答你的问题呢？

虽然我没办法教人怎么变得受人欢迎、获得好人缘，但是我至少懂得如何不让人感到讨厌。

如何不让人讨厌？最重要的是——自重自爱。**所谓**

“爱自己”，并不是自私、不尊重他人，而是愿意善待自己，正视自己的感受。不以自我为中心，不把自己的负面情绪轻易对人抱怨或发泄在他人身上，哪怕环境再糟、再烂，仍然用心对待每一天。

自重自爱，是一种体贴的心态，体贴自己也体贴别人。

自重自爱，看起来不难，却是很多人做不到的。我想，最主要的原因就在于那些人思考的出发点是“我”，而不是“我们”。在处理事情或思考问题时，要习惯将周遭人们的感受也考虑进去，不将自己会讨厌的事情加诸别人身上。

每个人都有自己的无形圈圈，不是任何人都可以不打招呼就进去的。有时，还是会不小心就越了线，自认为那是在示好，也是为对方好，就这样擅自替别人决定，不愉快就此开始。说到底，人与人之间相处需要的是尊重，除此之外，还要看彼此的频率合不合。

不要以为我们做的事情、讲的话，以及下的决定，都是自己的事。如果你做的事会造成别人的困扰，如果你说的话会让人感到不舒服，如果你下的决定会影响到别人的权益，那就不单单只是你自己的事了，而是要考虑其他人的感受与立场。

当你做的某些事或决定受到他人的阻挠，并不是不该做、不能做，而是你只专注自己的立场，而漠视了他人的意见。不尊重他人的感受，对方为何要在乎你的感受，又为何要支持你所做的决定？

通常我们会忍不住想要亲近的人，他们都拥有想法正面、积极与成熟的特性。如果你不喜欢听别人抱怨、谩骂与说人闲话，相对地，你也该收起这样的行为。不然，只会让人觉得你是个自私、幼稚、脾气差、喜欢与人计较的人。试想，到底谁会愿意跟这种人做朋友呢？

要让自己变得受人欢迎、有好人缘，确实不是件容易的事，大部分的原因是天生的性格，也就是人格特质。个性难以改变，但可以学着调整自己的态度与做法，在做任何事与说任何话之前，多为对方着想，多考虑到他人的立场，多尊重别人的感受，像这样“多一点”，就能看出自己在待人处事上的成长。

有时，我们不是要知道怎么变得受人欢迎，最该想清楚的反而是——我们怎么会把自己变得讨人厌？

不是不在乎，而是太介意

不搭理，未必是不在乎。有时是因为太过介意，才会让曾经交好的心，从此被打了死结。

你从没想过两个人的关系会变得如此冷漠。以前是多么亲近的两人，如今却变得不闻不问。

关系生变，有很多原因。可能是对方一句过于直接的话重重地刺伤了你，看似无伤大雅的玩笑话，却正好砸中了痛处，甚至是别人的话语分别在两人心中留下芥蒂，于是开始渐行渐远。有时，并不是彼此之间有了什么，而是因为其他人说了什么。

每一段关系，刚开始都会客套、礼貌，时间一久，就会逐渐地把本性与缺点暴露出来，这样也无可厚非，在朋友面前本来就要真诚，不必假装。可是，有些人心直口快，很容易伤到别人，就算身为好友愿意包容，但每个人都会有他的限度，不可能无止境包容下去，总有一天会爆发。如果不懂得修饰后再表达自己的想法，没有人应该忍受他的不成熟。

人与人的关系就像是好几个相互交叠的圈圈所组成，彼此会互相影响，有时在外面的圈圈会破坏了你自己身处的圈圈。有人对你说了朋友的不好传言，或者对朋友说了你的某些不是，先不论那些事情是真是假，一旦彼此之间失去了信任，你们的圈圈很容易就会崩解。

要培养出一个知心好友，往往需要好几年的光阴，却会因为几分钟的时间或一件看似微小的事情，就这么简单地失去。每个人的心思复杂度，以及对于不同事物的敏感度，很容易因为外人的话语而造成伤害，阻碍了双方的友谊发展。

正因为是好友，所以少了顾虑，少了尊重，少了查证，才会落得两人形同陌路的田地。

那些不闻不问的冷漠，未必是不在乎，反而是彼此都太介意了，又期盼对方可以先低头。然后，曾经交心的感情，便因为有了心结而被打了死结。

冷淡伤害不了你，真正能伤你的，是你的“在乎”。就算分开也伤害不了你，真正能伤你的，是你的“珍惜”。我们总以为是别人伤害了自己，其实伤到我们的，大部分都是自己。

一副好像从没在乎过，仿佛从没认真对待过，那才是可笑又矛盾的伪装。既然我们在乎，既然我们珍惜，何苦为了一点颜面，硬要假装无所谓。**要解开死结，总要有人先动手，它并不会莫名地迎刃而解，倒不如让自己坦诚、干脆一点，试着让彼此解开误会、尽释前嫌。**

与其花时间生闷气或伤心难过，不如把时间用在厘清事情的真相上，或是向对方解释清楚自己的立场。就算现在暂时不好了，待死结打开，将来的感情只会变得更好，因为你们会更了解彼此的心意与想法。

万一你们真的无法再度和好，结局不尽如人意，也不要太感伤，人与人之间无法强求，至少你知道你们曾经把彼此当成最亲近的人，分开是无奈的选择。

我们要时时提醒自己好好珍惜身边的人，随着时间流逝、年纪渐长，对自己好的人只会越来越少，留在身边的人也会越来越珍贵。

第三辑

我始终相信，有趣的灵魂自会相遇

一辈子不算长，能遇见彼此相爱的人，那是多么幸运的事。总有一天，你会与那个真正对的人相遇。

原来紧抓的，是自己的不快乐

有时候，我们只知道拼了命地紧抓，却没看清自己不愿放手的是什么，往往最后才发现一直不放手的，其实是自己的不快乐。

曾经你以为两个人可以一直那么好下去；曾经你以为就算再不好，终究还是可以努力让两个人的将来变得更好。虽然你还是深信一切会好的，也愿意继续努力让彼此更好，可是他却明显对你们之间的种种感到意兴阑珊——他并不在乎你们的好，他只在乎自己好不好。

就算他的表现如此不在意，你也很清楚对方只差没有说出要放弃而已，但你还是愿意选择独自努力，愿意相信自己可以力挽颓势，只要自己不放弃，对方也会不好意思放开手。事实上，你只是在自我欺骗，你也搞不懂自己究竟为了什么而努力，也不清楚坚持下去到底能抓住些什么。你担心会失去他，害怕面对没有他的日子，只好埋着头用力紧抓着。

但是，你最该担心的，并不是失去另一半，而是从此失去了自己。请静下心思考，你那么努力，你那么担心，未必是放不下他，或许你只是舍不得过去那种被人疼爱着的感觉。

两个人继续在一起或选择分开，是两种完全不一样的生活，谁又能保证哪一种生活会比较好？被人疼爱的感觉很好，但是，怀抱着忐忑不安的心情也没有多快乐。一个人难免有感觉孤单的时刻，可是，拥有着自己可以随心所欲的时间也挺开心的。如果只是想要被人疼爱，不如让自己来爱，没有人比你更清楚自己需要如何被爱。

当一段感情你已经尝不到甜蜜就算了，连一丝丝的自在都没有，甚至让你像对着无底黑洞般不停地付出，却没有任何回馈，请尽早断尾求生吧，别把自己的大好青春全赔光。

你的眼里不该只有爱情，它不该是你的一切，它没有伟大到让你抛头颅洒热血。别忘了你身边还有一直爱着你、关心照顾着你的人，被你视为理所当然、应该当你后盾的人，不该等到爱情没了，你才想起还有他们在。

一段值得坚持的感情，不会需要你伤害自己、伤害身边的人才能持续下去；而一个值得托付的另一半，会因为你伤害了自己、伤害身边的人感到良心不安。爱情固然美好，但有一天它终会离开，你会发现交心的友情与无私的亲情才是不离不弃、无可替代的。

感觉到痛、可惜很正常，正因为受过了伤才能体会伤有多么痛，吃过亏才会明白现实有多冷酷。当坚持已经变成对自己与身边人的磨难与伤害时，放弃或许是最好的选项，那不算是认输，只是你选择了让自己重新开始的机会。有时候，愿意将已经拿在手中的东西放下来，才是内心真正成熟的人。

放弃，我们才能重新拥有时间与空间，以争取其他更值得的事物。

总有一天，你会与那个真正对的人相遇，真正对的爱情，向来都是水到渠成，它无法预估，更无法计算，我们不必去强求，我们更不必去紧抓。我们要做的，就是在遇见它之前持续相信，怀抱着平常心等待下去，绝不对自己想要的爱妥协。适合你的感情也许会晚到，但绝对不会无故不到。

合适的人，才会让彼此一起变得更好

拥有条件很好的对象很棒，但最棒的是，找到一个可以让彼此变得更好的人。

我们都一样，在感情路上慢慢摸索着，曾经好几次以为自己拾起了值得珍惜的幸福，可往往发现那并不是真正适合自己的。若要带着它继续向前走，只会阻止自己的步伐，甚至根本走不下去。即使再怎么努力，最后也只能轻轻放下。

相信我们最终都能找到一个很好的人，也许是条件很好；可能是对你很好；或许是什么都很好，然后可以一起让彼此变得更好。等你遇到了适合的伴侣，他会让你发现，原来过去自己找不到所谓对的人，未必是那些人真的不好，很可能是因为自己在那时还是个错的人。直到你在感情路上错过、哭过或伤过之后，将当初的有棱有角磨成了现在的处事圆融，也终于明白了什么才是该拾起的幸福。

年轻时的你，很容易因为爱情而丢了自己。后来的你，会因为找到对的人，终于明白两个人在一起，除了要为对方着想，还要让两人都能保有自己。无论是过度的依赖或过度的付出，对另一个人来说都是沉重的压力。爱从来都不该是依附，只要你心里清楚，不管日子好坏，他都会在，这样就足够了。

电影《简·爱》里有一句台词："爱不是没有对方就活不下去，而是你们都深深觉得，有彼此的陪伴，人生会更加美好。"

爱不该是没有了谁就活不下去。那不是爱，而是依赖，也是压力。爱应该是在一起很自在，彼此都认为因为有对方在，所以生活才会如此美好。我们都是平凡人，不必经历那种轰轰烈烈的感情，而是渴望一种平平淡淡的感情。安定的、平稳的，不让人担心的，不需要等待的，一种随手就可以触碰得到的踏实。

那个对的人会让你明白，最好的爱情关系是两人也是最好的朋友。虽然你们不是在最美好的时光相遇，但因为有彼此在，才能够拥有最美好的时光。

或许那个对的人不是那种会说甜言蜜语的人，不是会不断地说“永远爱你”、给你惊喜的人，但他会是那种踏实上进、成熟从容的人。在生活中给予你正面观点，让彼此相处舒服自在，对未来充满信心，两个人能够一起进步。合适的人应该是会和你一起抵抗当下的艰难，而不是只会夸下海口说为你打造虚幻的未来。

两个人在一起最温暖、最甜蜜的话语，未必是“我爱你”，而是当你需要的时候，他都能够牵着你的手或搭着你的肩。陪伴，才是最棒的支持与肢体语言。

那个人会提醒你穿暖和点，希望你多吃点、要你多喝水，在你难过时努力让你开怀，在你完成某件事情给你掌声，每天早上当闹钟叫你起床，而你也愿意为他做这些事。那就是适合你的人，也是会让彼此变得更好的人。

而且，你们都会为了对方开心而开心，为了对方珍惜而珍惜。

无疾而终也有获得圆满的可能

原来，那些过去的无疾而终，都是再次成长的开始，让你蜕变成现在更好的自己。

我们总会为爱情长跑多年后却无疾而终的朋友感到惋惜或气愤，为了他耗费的光阴感到惋惜，为了他的不能坚持感到气愤。但是，感情的事情总是不易解释、难以捉摸的，任谁也说不清，根本无法预期哪一段感情能修成正果，有人恋爱谈了10年却以分手收场，也有人认识了几个月就决定托付终身。不管花费了多长时间才找到能够携手共度一生的人都不算太迟，而那些未能奏完的恋曲，会成为让我们最终能完美演出的练习曲。

先不论时间长短，那些无疾而终的爱情，都是美好的开始，但大部分是不堪的结束。当初是为了爱而在一起，却因为在一起而磨损了彼此的爱。当一段感情无疾而终，心里一定会有怨怼，难免有阴影。可我们不该一直怀抱着那些不堪来折腾自己，唯有与过去和解，试着让自己释怀，才能心无旁骛继续往前走。

虽然不能转变成美好的结束，就算无法成为将来爱情的养分，至少它不再是你现在追寻幸福的拖累。

之后你经历了一次又一次感情的建构与崩解，终于明白了先打好自己的地基才能够站得稳，而不是只想依赖着别人。唯有自己先做好、做对，对方才有范例可以比照，两个人才可以共同撑起这段感情。感情并不是占久了就会获得圆满，爱意并不一定要浓烈才能携手偕老，真正的关键是两个人拥有着无论如何都会坚持下去的信心与决心，缺少谁都不行。

其实，无论维持了多久，**没有任何一段感情是浪费彼此的时间，我们不是只有失去，也会在那段过程中获得某些成长**，或许在当下自己感觉不到，但它可能会在将来追寻幸福的路上产生重要的影响，然后让我们成为更好的自己。

没有人能够为你承担在感情上的难过和疲惫，只能站在外头替你加油，你在享受爱情的甜美的同时，也要学会自己承担爱情的痛苦。我们都要学会自己长大，不是每个人都适合与你相伴，有的人是来让你懂得什么是爱，而不是来爱你的；有的人是来让你明白什么是生活，而不是来跟你一起生活的；有的人是来让你一辈子想遗忘他，而不是来与你相伴一辈子的。

有的再见，是为了下次的相见，有的却是为了遗忘彼此的相遇。但是，根本没有真正的遗忘，我们能做的，只是让自己就算想起了也能云淡风轻，并保有最初的自己。然后，让原本以为的失去渐渐变成经验的获得，让无疾而终的遗憾慢慢变成重整旗鼓的动力。

岁月，它就像是无形的清洁布，会替我们无声地、轻轻地擦去过往的爱恨情仇与年少轻狂。那些事与愿违，或许需要一些时间，但它们终究都会过去的。

一个人好了，才能两个人一起好

有人彼此扶持是一种幸福，但我们要能好好过一个人的生活，才能撑起两个人的幸福。

经常听到有人问："怎么样才能经营好一段感情？"

老实说，这个问题很难回答，也没有一个标准答案。就好比有人问："怎么样才能打赢一场棒球赛？"你我都很清楚，需要有状态良好的投手和打者，还有稳定的守备与适时的战术运用。但是，一场比赛的过程中有太多不确定和无法控制的因素，因此，根本不可能会有十足的把握来赢得比赛。

感情也是如此吧。我们都明白，谈感情需要用心、珍惜、体谅及互信，为此不断磨炼自己的基本功、调整好自己的心态。可是，过程会有许多我们无法预测或掌握的状况，也只能做好准备，然后随机应变。

那要怎样才能经营好一段感情？我认为无法经营，或许可以认真、可以努力，可是两个人的缘分从来无法用双手调控。两个人愿意把对方的好放在心上，把对方的需求当成自己的需求，那是由衷地相爱，事实上，根本找不到刻意经营双方关系的痕迹。两个人就是想在一起，一个人就是想对另一个人好，那是情感的自然流露。当你真心想与对方在一起时，只能尽自己最真诚的心意去珍惜，其他的事情都无法强求，除了我们自己之外，一切都不能控制，只能见机行事。

无论谈过几次恋爱，不管爱过几个人，或许最后还是没有领悟谈好恋爱的秘诀，但至少明白恋爱是两个人的事，一个人的努力是徒劳的，所以开始学习先让自己可以过得自在，这才是爱情的基本功。

或许，有些人会问："到底什么才是好的爱情？"

每个人想要的都不相同，对我而言，应该是——每天起床睁开眼就能看到她，一边忙着梳洗，一边聊着没什么营养的话，然后我送她出门上班；晚上两人相约在汽车站一起散步回家，在路上买了简单的晚餐，回家看着两人都喜欢的电视一起用餐。

这样的生活就已足够，平淡却稳定，**每天都跟自己所爱的人在一起，这就是很好的爱情。爱，不需要太多的浪漫，它本来就该是简简单单的。**

别想得太复杂，美好的、健康的爱，其实很简单，就是“珍惜”而已。即使让你遇见了一个再适合不过的人，也会因为不珍惜而让所谓的适合变得不适合，无论是人或是心，最后都会离去。

其实，我们要的不就是希望身边的人懂你、在乎你吗？真爱并不会无敌，我们都是平凡人，会忐忑、会争吵、会难过，可是我们会在忐忑中慢慢了解彼此，会在争吵后渐渐明白对方的需求，会在难过后懂得释怀与原谅。爱，听起来很伟大，但我亲身经历过的，却是很平庸、很日常的小情小爱。就在这样的小情小爱中跌倒再爬起，逐渐拥有更成熟的自己。

有人可以扶持是一种幸福，但人生大部分的时间都是一人独自面对，不要想着依赖，而是先一个人懂得过生活，这样才能撑起两个人的幸福。

不是不够好，只是不合期待

不要一味认为别人对你不够好，很可能只是他能给予的，并不符合你的期待。

爱情得以成立，应是两人相互吸引并且想一直在一起，而所想、所做的任何事情，都是为了让对方开心。有趣的是，这也常发生一个问题：“自己为对方所做的事，为什么他好像不太满意或不太喜欢？”

两人在一起的日子当然与单身时不同，单身的时候不必去顾虑另一个人的感受，桌上的小盆栽或是手上的手机并不会问你到底爱不爱它。相对地，一个人的时候也不会有另一个人的关心，你的枕头不会问你睡了没，你的餐桌不会问你吃了没，你的沙发也不会问你累不累。这没什么好比的，得到了什么，同时也会失去了什么，至于值不值得，就要由自己来衡量。

一旦爱情建立起来，两个人的世界才正要开始，那是双方的生活习惯、亲友圈及价值观所构筑而成的独立领域。在过程中，一定会有许多磨合、碰撞、挤压，甚至打破后再重组，接着逐渐趋于稳定，然后才会是两人的新世界。

原本是两个生活圈及价值观不同的人，对于一些事的做法与想法肯定不会相同。你努力为他做的，很可能是白费力气，还可能变成多此一举。自以为是的温柔，对他人来说，却是一种难以拒绝的痛苦；不被人喜欢的善意，就好比是刚吃完中午饭就立刻送来的下午茶。

有时候，并不是对方不想对你好或是你做得不够好，很可能是他以为自己给的已经很好，结果却不是你所期待的那种好。同样地，也不要觉得全是自己的错，只是对方想要的，跟你所想的不太相同。

一段美好的爱情，没有所谓的条件好不好，或付出多不多，重要的是相近的价值观与适合的对待，其他的都是附加价值。刚开始的不合也不代表一切，只要愿意沟通、愿意磨合，愿意为了建立起两人的世界而努力，那些问题都是可以解决的。

我知道你希望不用自己说，对方就能立即明白，这样才算是爱你、懂你。可是，再爱你的人也不可能只围绕着你转，更不可能时时刻刻观察着你的心思，因此，心中的感受你还是得说出来，不要预设对方一定能懂，他不是心理学家又不会读心术。毕竟对方不是你，或许你说了，他不见得全都明白；但你不说，对方肯定不会明白。若是选择什么都不说，最后只会换来自己的难过和失望。

爱情不需要多余的面子与坚持，若自己糟蹋了本该圆满的感情，那才是真正的没面子。

有时候，你会认为跟其他人比较起来，他付出的很少，但看的不是他给的多少，而是他给出的究竟占他所拥有的多少，那才是真正的心意。当你觉得不够好、不够多，不妨试着沟通、调整，将会发现一开始无法接受的观念或做法，在自己认同后，原来没那么严重，不过如此而已。

会让你感到开心、幸福的，不是因为遇到了条件很好或是肯付出的人，而是因为懂得知足。其实，懂了知足、懂了珍惜，就会比这世上大多数的人都要幸福，因为这世上绝大多数的人都是得寸进尺、不知满足的。

那人的离去，是活化爱情的新陈代谢

他之所以放弃，是因为始终不相信自己和爱情。你之所以放下，是因为终于相信自己做得更好。

那天，他终于开口提出分手，说是因为感觉到你并不需要他，很多事情都能自己处理，从来不哭不吵也不闹，仿佛一个人也可以过得很好，根本不需要他在身边。

你哭了，但并没有乞求对方回心转意，只因那样的你并不符合自己给人的坚强形象。

老实说，你也没想过要变得多么坚强、多么独立，只是不想让人为难，不想造成别人的负担。结果，你的体贴却成了大家眼中的坚强。不想麻烦别人，却被当成了独立；

不想让人担心，却被当成了坚强；不想敷衍了事，却被当成了能干。久而久之，没想到你的独立、坚强与能干都变成了理所当然。

你觉得不甘心，自己的独立、坚强与能干不是让他轻松很多吗？不会麻烦到他，又不会让他担心，没想到这竟然成为他离开你的原因。一个人之所以会选择离开，并不是全然没有爱，也未必是谁的错，很可能只是忘记了当初相爱的原因，还有当时自己多想和对方在一起。

曾经你感到非常难过，认为失去就是失败，是一种绝望的结束。于是你变得软弱，想要逃避，拒绝面对，开始自怨自艾，甚至变成自虐。等到后来，**你才明白失去也是一种解脱，不是从此结束了与那个人的关系，而是释放了一直在那段关系中执着的自己。**你终于可以好好梳理自己，重新展开全新的生活，而他当初选择离开，并不是你的失败，也不是关系的结束，更不会招致毫无希望的未来，只是因为他不再相信自己能够继续给你幸福。

当然，不是每个人都能在被伤害后可以既往不咎，很多事情无法说忘就忘。好聚好散，人人会说，但真正做到的又有多少呢？但是，终有一天还是得放下，不管隔了多久都不算迟，那不是对别人的原谅，而是对自己的解脱。

唯有放下，才能理直气壮地面对自己的未来。

现在你选择了放下，不是认输，也不是要遗忘，你内心很清楚怎么可能会完全忘记一个曾在自己生命中扮演过重要角色的人。**不如相信那个人离开，像是一种为了将来拥有美好爱情必须存在的新陈代谢。**

是的，我们最爱的人有可能会离开，最信任的人有可能会背叛，没必要担心与害怕，无论遇上了什么样的打击、伤害，最终都会撑过去的，别忘了坚强与独立已经是你的专长。就算现在有人离开你，未来还会有其他人来到你身边陪伴。人生就是这样经过一次又一次的新陈代谢，才会蜕变得更成熟、更强壮。

放心，你的世界一定会出现一个人，那个人会心疼你的独立、坚强与欣赏你的能干，你所付出的一切都是值得的。

千万别让寂寞成为谈恋爱的理由

你希望保有一个人的空间，又想要拥有别人的关爱，寂寞就是这么产生的。

我曾在粉丝专页写过这样一段话：“人在感到麻烦的时候，就会想要一个人；一个人时间久了，就会想要自找麻烦。没办法，有时候人就是这么犯贱。”

老实说，身为“人”有时挺讨厌的。处在同一种状态下，时间久了，就会感到倦怠、厌烦而想要改变，或总是认为别人所拥有的事物及生活比自己的美好。比方说，时常听到有人会抱怨好男人都已经是别人的了，但你有没有想过，为什么好男人都选择别人而不是自己呢？另外，没有真正相处过，不必太笃定对方就是好男人，别人的也未必是适合你的。

会羡慕别人，往往只是单纯觉得别人的总是比较好而已。

当然，也有人是抱持着不同的心态。到了适婚年龄还是保持单身，不一定是不想要，也不是眼光高，其实更多的是怀抱着无奈。过去把时间浪费在不适合的人身上，经历了几段分分合合，好不容易走了过来，却发现那些适合自己的人早已不在身边，或是已经在别人的身边。这些无奈，他们不会对别人说，因为没有体会过那些错过、转身以及抉择的人，很难理解。但是，他不会诉苦、不会埋怨，会变成现在这样的状态，总归还是自己造成的。

另外，有些人觉得一个人会孤单，但对于两个人需要重新再适应而感到很麻烦，于是，想到一个折中办法——找个人搞点暧昧，这样既可以省去相处的摩擦，又能享受恋爱的甜蜜。但是，搞暧昧并不是每个人都适合，万一处理不当，不只会伤害别人，更可能会伤到自己。所谓的暧昧，至少是对方的言行表现有八成是喜欢你，如果不是，那叫作自作多情。

爱情是美好的，两个人能相遇相爱是概率非常小的事，遇见是天意，拥有是心意，假如害怕麻烦，就永远得不到真爱。我们该想一想：自己究竟是拥抱爱情还是逃离寂寞？千万别因为凑合而恋爱，让不适合的人带走了美好的自己。

感到寂寞时，试着让自己转换心情、转移注意力。换上跑鞋去跑个痛快，或者找好友聊个畅快，偶尔让自己的生活“没时间”一些。我们都不知道接下来还会遇见怎样的人，但可以肯定的是，无论对方如何，他同样也会希望能找到优秀、善良及独立的人。所以我们不要把宝贵的时间用来幻想未来，而应该用来提升自己，这是为了有朝一日遇见对的人，自己也能够大声地说：“我是那个值得被你爱的人。”

爱情值得追寻，但它不会是你逃离寂寞的手段，也不是人生不顺遂的唯一出口，更不会是通往幸福的单行道。你得先让自己过得好，而另一个人的爱，则是让你们两人的未来更圆满。

无法停驻在身边的，就是不重要

要感谢他离开了，不然，你每天都在提心吊胆害怕他离开。

你总是忍着泪不说苦，别人都以为你过得很快乐；你总是习惯摇着头说没事，别人都以为你心里已释怀。原来大家“以为”的背后，是你一个人的苦撑。你不是要假装快乐，也不是要假装坚强，只是希望爱你的人不要有过多的担心。

事实上，你陷在一段没有安全感也毫无归属感的感情里，可总相信自己的付出不会白费，而且努力地坚持，认为这段爱会有回归正轨的一天。想不到的是，对方一点也不珍惜你的用心与付出，在步上轨道之前，就选择跳车离开。爱情，本身就是令人沉沦、迷失的事，别人口中的那些什么“要爱自己”“要有决心”“要放下啊”，却在面对他丢下你离去的痛苦时，听起来只不过是可笑的口号。

其实，他离开了也好，你老早就为了他会不会离开你而一直在提心吊胆、忐忑不安。既然抓不住，那就放开手，你本来舍不得放开，结果他先挣开，等于帮了你一把，虽然一定会难过，说不定也能松一口气，终于可以放下那段对你没什么价值的感情。

一切真的没那么复杂，对方忽冷忽热的态度就是把你当成备胎，自己感受到患得患失的心情就是他的不够爱你。之前放不下，是因为自己付出这么多却没有回报而心有不甘，你早该选择离开，因为我们的时间并不多，不该再用来继续品尝这些不健康的情绪。

一个不在意你感受的人，你的付出就像是不断地把东西丢向黑洞里，越往里面丢，只是让自己的空虚感越扩大，黑洞依然是黑洞。真的，我很久以前也试过，但最后换来的却是那种把自己丢在看不见边际的空间里的巨大空虚感而已。

就算你认为“没有关系的，我就是不求回报”，但是总有会累的一天，况且万一对方并不觉得你是在付出，而是不断地干扰他的生活，不如早点看开，把这些时间与力气重新分配给自己与值得的人。

当然，要结束一段曾经用心对待的感情，是十分痛苦的事。可是，面对一个不懂爱护你的人，却还是死命维护，那才是自讨苦吃。没有人可以帮助你，更别想有人可以带你走出去，因为最大的困难，是你自己不愿意离开。

面对那个人的离去，复原需要一些时间，在这段时间里，我们反复思考能够让自己顿悟、会在身边停驻的，才是最重要的人、事、物。而那些离去的，不只是缘尽，对你未来的人生也不再重要了。

你不是非要某个人不可，没有任何人的重要性会超过你自己，就像那个曾经对你说过非你不可的人，到最后还是由于某种原因选择离开。所以，没有了那段让你患得患失、提心吊胆的感情，不但最后会没事，而且生活还会变得更美好、更快乐。

过去的伤痕，是个美丽的提醒

因为背负着过去的伤痕，才能体会到别人的伤痛。提醒自己别再重蹈覆辙，提醒自己不要变成那种会轻易伤害对方的人。

“我很喜欢你，但我不喜欢和你在一起的自己。”这是我前阵子看过的一部电影中，最后女主角终于下定决心与男友分手时所说的话。

付出是应该的，体谅是应该的，配合是应该的，这是许多人对于爱情的观念，也是很多两性专家和爱情小说作家强调的恋爱准则。会有这样的想法没有错，但在陷入恋爱之后，很容易让我们失去了正常的判断力。有时，这样的付出、体谅及配合，在不知不觉中变成了牺牲、忍受与委屈，等到发现时早为时已晚。在这段感情中的自己不再开心，原来一直小心呵护的并不是幸福，而是压力与压抑。

有时，爱情最后的结果不如当初预期，也不必责怪自己迷失了自我。任何人谈恋爱都一样，一定会历经自己逐渐消逝却又慢慢寻回自己的过程。如果你自认为从没迷失过，那可能表示你所投注的感情并不那么深厚。爱情的结果会变得不好，通常都是因为无法重新找回自己，或者无法让自己变得比原本更好，也多少说明了与你在一起的人不适合。决定分开，好让彼此有空间与时间重新找回自己，那才是正确的选择。

分开，就是两人决定以后要各自去过不同方向的人生，虽然难受，也不必觉得愧对。他将来过得如何，从此与你无关，不必背负别人的人生，只管负责自己的就好。至于他，也要自己好好承担，谁都不能把自己的不如意怪罪在另一个人身上。

谁都不愿意恋情在错误与伤害下结束，不用因此对爱灰心，我们都是这样一路成长而来，因为背负着过去的伤痕，才能体会别人的伤痛。没有这些关卡，你不会知道自己能有多坚强；没有遇过那些错误，你不会得到那么多的经验。谁都受过伤，等伤好了以后会变得更有能耐。要相信自己会变得更好，那只是时间的问题。

此外，也无须费力去遗忘那些伤害与错误，那只是一种徒劳的努力。**我们从来不会真正忘记一个曾经在生命中占有重要地位的人，只会慢慢习惯没有那个人的存在，毕竟身旁还是有很多在意自己的人。**每个人都有过去，随着时光前进，那些发生过的、开心过的与痛苦过的，都是无法改变的事实。旧事仍然存在，消除不了，我们现在能做的，就是覆盖上新的事物。

接下来的路，得靠自己去摸索碰撞，现在不知该往哪里走也没关系，暂时不想前进也无所谓，等心情平复了、笃定了，那才是重要的。有一天，你会明白自己该怎么走；有一天，会有一个在乎你的人引导你走向更好的未来。在那之前，就放轻松吧，用自己最舒适的姿态来面对眼前的世界。

最后，还是一句老话：无论如何，谈恋爱就是要开心，找出让自己、让彼此都能开心的方式，这才是拥有美好爱情的唯一方式。

让自己过得很好，成为他人的榜样

单身不代表就会孤单，就算你偶尔感到孤单，总会出现一个人，让你发现自己过去的孤单日子都是值得的。

春天已经来了好几回，可是你的爱情依然没来。

曾经以为自己没有某个人在身边会活不下去，当真的只剩下你一个人以后，结果也平平安安、健健康康地活到现在；原本以为自己什么都不会，当那个在你身边帮忙处理好多事的人离开之后，才发现自己其实什么都会了。一个人的时间久了，一切也变得很习惯。

习惯未必是喜欢，你未必是真的喜欢单身过日子，只是对感情这件事不再强求，想要忠实顺从自己的内心，如此而已。在年纪轻一点的时候，总是害怕孤单，不习惯一个人，后来谈过几次不同感觉的恋爱，有的像连续剧般荒谬离奇，当然也有无趣到不值一提的，唯一相同的，就是你感觉与其逼自己跟一个合不来的人相处，不如先习惯一个人独处。

那些单身很久的人，大部分都不是刻意，也不是没有适合的对象，只是暂时不适合爱情。他们也会有想爱的念头，甚至想过要将就，结果发现这不适合自己的个性。也有好几次发展成恋情的机会，却总是无疾而终，不是自己突然没感觉了，就是对方不再有表示，这种情形很难解释，大概就是属于那种适合做朋友而不是情人的类型吧！

或许，就像在电影《2046》中的那句经典台词：“爱情其实是有时间性的，认识得太早或太迟，结果都是不行的。”你的爱情时间不容易搭得上别人的时间，你的现在，很可能已经是他们的未来。

虽然不是每个人都喜欢过单身日子，但单身未必会过得不好。你已经明白在爱别人之前，要先懂得尊重自己。如果你只是别人生活的一小部分，也不会把他当成自己生活的全部。你现在可以一个人过得好，是希望将来的对象也要一个人能够过得很好，所以自己要做好他的榜样。

之前那些逝去的爱情，虽然称不上平顺，甚至还有些难堪，但你总算在不美好之中寻找到一点收获，在不如意中学习到一些心得。比方说，感情这件事，不是单方面努力就能够力挽狂澜的，一个人再怎么追求都没用，终究需要对方也有同样的心意。

所谓的爱情，不一定是要找一双多么温暖的手，而是无论你的手多么冰冷，他仍然紧紧握住不放手。美好的爱情，就是找到一个温暖的人，然后过着彼此想要的生活。

独自生活一阵子也是有好处的，因为知道了独处是生命中的常态，才会更加懂得有人陪伴的珍贵。找个伴并不难，困难的是找到彼此有默契，并且愿意一起走下去的人。

单身也不错，这世界除了爱情还有很多很美好的事物，不必对爱情失望，它值得你花时间慢慢等待，因为它会让那些原本美好的事物变得更加美好。

再多的条件也比不上适合的

你最该期望的，不是套在手上的钻戒够不够大，而是握着你的手绝不轻易放开。

你的同学总是习惯找外表好看的对象交往，你的长辈总是告诫你要找家境优越的对象才会幸福，你的朋友总是只爱上多金又帅气的对象。喜欢条件优秀的人是很正常的，大家都是如此，你一定听过这句话："两个人相爱是因为看到彼此的优点，而两个人相处需要包容彼此的缺点。"会在一起都是因为看到对方的优点，却时常忘了优点并不仅限外在条件。

感情这种事，真的不必听别人的意见，更不能复制别人的做法，完全要靠自己才能找到真正的幸福。因为**每个人都有不同的生活方式与价值观念，别人的不一定适合你。不要只专注在那些外在条件，人品与个性也很重要，尤其自己的心意更是重要。**

美丽的外貌不可能永远持久，万贯家财不一定永远长存，但人品与个性却是跟着我们一辈子的。除去这些外在条件，两个人的关系要靠珍惜与体贴来维系，仔仔细细地观察他是如何对待身边的人，那就是你们未来相处的模样。

我们所选择的感情不该复杂，就是跟对方在一起会感到开心、安心，而你也能毫不迟疑交出自己的心，这段感情才值得谈下去，不必在乎对方的地位、学历、财力或长相；反之，如果这段感情带来的是痛苦和不安，那就狠下心放手让他走吧，即使这个人条件再优秀也无法给予你想要的幸福。找一个能让你开心、安心的人，这才是美好爱情的基本条件。

没有谁和谁是天生就注定在一起的，一辈子不算长，能遇见彼此相爱的人，那是多么幸运的事。只要紧握着彼此的手，虽然心里明明知道，除了对方还会有更优秀的人出现，可是我们不会这么贪心，因为那些优秀的人未必适合自己，只有愿意珍惜的才会适合。

你想要的生活其实很简单，能够时常陪着你一起开开心心吃饭，就算是路边摊也可以很满足；能够在你难过时待在身边陪伴着，就算他不懂得怎么说句安慰话也没关系；只要他在意你的感受，给你足够的安全感，不会经常消失不见。真正令人称羡的爱情，就是两颗心紧靠在一起，坦诚相待，用心感受，这样才叫幸福。

你其实没那么贪心也不会刻意等待，只是顺其自然，因为你相信一个感觉对的、愿意和你一起承担的人并不是处心积虑就可以遇得到。那个人的条件未必要多么好，只要他对你很好，你也刚好喜欢他那一点点的好就足够了。

你心里很清楚，真正有价值的是陪伴，而其他的都只是锦上添花。我们想要拥有的，通常不是多么有条件的，而是愿意无条件对我们好的人。

心怀善良，就是了不起的勇气

愿意保持善良的对待并不容易，那是你对爱的勇气，应该鼓励，不该轻易地放弃。

很多人说你很体贴，其实你不太清楚自己是不是，但你知道自己很会忍耐。你习惯对人说“没关系”，你经常对人说“没问题”，你总是对人说“没事了”。事实上，你是在承受着沮丧说“没关系”，你是在按捺着脾气说“没问题”，你是在压抑着悲伤说“没事了”，因为你不希望自己会成为别人的负累。曾几何时，在现实生活里，能够对人体贴也是一种勇气。

没有人天生就该拥有勇气，没有人一定必须对人善良。

勇气通常只是你不想造成别人困扰、不想让亲人担心的一种不得已；善良是你面对无情恶意、遭受冷漠嘲讽的一种选择，你愿意放下，不让伤害无限循环下去。很多时候，一个人愿意选择善良，其实就是了不起的勇气。因为你明白，或许环境会对不起你，但你无论如何都要对得起自己。

人与人之间的感情都是如此，爱情当然也是。

很多时候，爱情并没有我们想象中那么快乐、那么美好，更多的是人心善变的现实，以及揣测猜忌的痛苦。那些痛、那些苦你都经历过，所以你很明白，一个人要离开，留也留不住，就像一个人如果坚定要陪伴你，想赶也赶不走，你不是成熟了，只是不得不看清现实罢了。

那个人离开时，称赞你很坚强，感谢你的善良，你轻轻地摇头、淡淡地微笑，你不哭也不闹，不代表你不伤心也不气馁。**你知道自己得勇敢站起来，因为无论是你的坚强，还是你的善良，都已经不关他的事了，这些只会属于将来那个配得上你的体贴的人。**

或许，那些经历过的感情亏待你，这个世界经常不客气地打击你，可是，你依然愿意维持着别人口中所说的“体贴”，因为你相信自己只要能够抱持着对爱的信心，保持着善意的对待。如此一来，总有一天，其他人与这个世界也会愿意给予相同的回应与对待。这样的心态并不是一种伪善，而是你对于自己的期许，以及对于人心的宽容。

善良的人、体贴的人或是愿意忍耐的人，或许容易被糟糕的人欺负，但请别失落，这样的你也容易得到好心人的眷顾。

不要轻易放弃了自己的善良与体贴，那是难得的优点，能够在恶意与打击中继续保持着善良与体贴，是多么难得的勇气。我相信，不必刻意寻找，自然就会有明白你优点与勇气的人出现。或许那个人条件一般，但他懂得你的好，并且肯以真心相对，而你也懂得对方的好，也想回应他的付出，那就足够了。

我们需要的，通常不是条件令人羡慕的对象，而是一个愿意以真心相待的人，珍惜你的善良，心疼你的勇敢，不会亏待你的付出，不会辜负你的等待，那个与你一样善良与勇敢的好心人。

没有过不去的坎儿，只需足够的痊愈时间

有些人出现在你的生命中，只是为了给你上一课。但更可怕的是，有些人还一直不打算下课。

“我们可以做朋友吗？”这句话很妙，它可以是一段感情的开始，也可以是一段恋情的结束。

你们的感情在他的谎言里开始崩解。说谎很差劲，但更差劲的是，他连说谎都不愿认真，每一句谎话都漏洞百出。你一次又一次的原谅，并没有换回一段感情里应该有的尊重，终于使得这段爱情的根基腐蚀殆尽。你很想告诉对方，被他骗并不是自己笨，而是你选择相信而已，因为这会让自己过得比较开心。可惜，对方没有好好对待愿意

选择相信的你。

失去一段曾经用尽全力去保全的感情，要从这种纷乱里走出来需要极大的气力，毕竟经营感情需要的是一颗真心，又不是电脑按个按钮重开机就没事了。伤心在所难免，大家都一样，难过只是一段必经的过程，也是一段不得不升级的过程。没有什么过不去的坎儿，只要留给自己足够的痊愈时间，撑过去了，升级完成后，又是一个可以谈爱的人。

你后来懂了，不该把自己的委屈与不快乐当作成就爱情的抵用券。因为我们的幸福没有那么廉价，通常都是不打折扣的。应该远离让自己不快乐的来源，那才是自己最好的选择。

有时你认为已经结束了、过去了，可是对方并不这样认为，他与你保持着联系，隔三岔五地关心，让你的心情被他的态度所左右。那些残留下来的温柔与若有似无的情意，不让你向前走，使你只能在原地苦恼不已。事实上，他并不是真的多么喜欢你，一切都是他自私地想要占有你的好，却不愿珍惜。

我们的过去，应该是用来回忆与提醒的，而不该用来折磨自己。**如果你无法忘掉不好的昨天，没有珍惜美好的今天，就不会有一个更好的明天。**

我们时常鼓励人要勇敢，其实心里明白，并不是跨出去就能水到渠成、事事如愿，可能有挫折，难免有挣扎。但是，最不希望的，明明是个很简单很简单的心意，却非得要过了好久好久以后才愿意面对，等到那时只会留下满满的遗憾。

现在你的生活已经有了另一个人想要来参与，总算有个人可以拉着你向前行，让你有决心对过去说“再见”，可以放心去追求那个原本就该属于自己的幸福了。到了这时候，你终于明白，原来一直是自己狠不了心，才会让自己放不下心。就是一定要在分开了很久之后，才可以抬头挺胸与过去说“再见”。

你从来不是贪心的人，只是需要一个感觉对了、愿意珍惜你的人，更不会傻傻地等待不对的人、回头的人。我们的时间有限，要用有限的时间与对的人过更好的生活。愿意留在自己身边的，就是最好的。

我们渴望的，从来都不是浓烈的爱情，而是安定的生活，是一种“真实能感受到的幸福”，而不需要痴痴等待。

懂得弯腰，拾起的就是两人的感情

不要以为自己像驯兽师可以改变别人，大部分的驯兽师都会受伤，只是小伤或重伤的差别而已。

当爱情从相恋转化成相处，就是正式进入稳定期，同时也是这段感情的危险期。两个人在不同的家庭背景与交友圈中成长，各自具备独立的思考模式及价值观，自然而然会有许多的生活习惯与处事方式需要磨合。要维持一段爱情比你想象中困难，你必须投注相当大的心力与努力。

所谓的磨合，应该建构在彼此的心甘情愿上，借由一次次的建议与观察，学习对方好的部分，并且使之成为自己的一部分，慢慢去除自己不好或不适合双方相处的部分。

但是，这里说的“建议”是与对方沟通，而不是一种硬性的要求、强迫性的改变。若不是心甘情愿的，那终将变成压抑，而且随时都会爆发出来。

别认为自己一定是正确的，别把自己当成可以训练别人的驯兽师，不该只想着改变别人，而是要以身作则，把生活过得好、把事情做得好、把健康照顾得好，成为对方的好榜样，至于对方愿不愿意改变则是要他自己决定。一个人会改变，通常是因为明白对自己有益，不然，就是他们终于受到教训。

两个人相处，肯定会遇到许多观念上的差异，比方说，你要求他不能再与前任有所联系，因为你觉得这不只是对爱的占有，更多的是尊重。相对地，对方想要的也是一种尊重，之所以没有断绝与前任的联系，是认为没必要，不断绝，不代表他打算回头，要求他断绝，那是不信任也是对他的不尊重。爱从来不是件简单的事，要顾及的不单单是一个人的心情，还有两个人的感受。这段感情除了需要尊重，还有彼此的信任。请静下心想想，为了一个已经不在身边的人，惹恼了另一个在身边在乎你的人，怎么想都不划算。

两个人在一起，除了信任与尊重外，就是包容了。虽然是老调重弹，正因为太常听到，容易忘记，所以必须不断地提醒。两个人逐渐的磨合比强硬快速的改变要好多了，无论你心里自认有多么为对方着想，有时候直接批评或说教，未必是一个良策。若因此有了隔阂，两人只怕会越离越远，不如从自己先包容对方做起，或许改善很缓慢，但请记住心甘情愿的改变才有效果。别常用冷战或吵架来沟通，一次两次可以增进感情，心伤了太多次，怕有一天就伤不起了。

懂得适时让步的人是聪明的，在爱情的关系中，硬是要赢回自己的颜面，就会输掉两人的情分。往往死撑到底只想到自己的人，最后都成了孤家寡人。

不要把弯腰当成认输，换个角度想，我们弯下腰是为了拾回两人的爱情。

谈恋爱本来就是互谅的，开心很重要，但从来就不是自己开心就好，而是尽量让两个人都好。没有谁可以要求对方接受全部的自己，或者要求对方改变来迎合自己，那是自私与不成熟的想法。包容是有限度的，不该一股劲儿地把糟糕的部分往对方倾倒，那是不尊重的态度。

第四辑

这一世若不珍惜，谁能伴你未来

在名为“人生”的海洋中奋力搏命之后，唯有家才能让我们犹如备受摧残的破烂小船得以停泊。

想要表达担心却不说，是愚蠢的

越是亲近的人，越容易为鸡毛蒜皮的小事而闹脾气。或许就像看风景吧，总要隔着一段距离才会发现它的美丽。

有时会听到一些抱怨，说父母管得太多太严，晚上 10 点以前要到家，不然铁定会遭受“夺命连环 Call”的攻击，每一通电话的内容尽是“你在哪儿？何时能回到家？”也会听到有些人经常与兄弟姐妹闹得不愉快，光是吃一顿饭，就能为了谁吃得比较多、谁该洗碗或谁该擦餐桌而争吵。当然，也听过有父母叨念儿女，在家只窝在房间打游戏、玩手机，跟家人没互动，一点都不亲近。类似的剧情常在生活里擦枪走火，偶尔发生还好，但经常出现就会让人受不了，有时还会吵到翻脸、冷战，甚至干脆搬出家门、不相往来的例子也不少。

有人会觉得反正自己的感受对方一点也不在乎，那为何还要关心对方呢？明明是最亲近的家人，怎么一点都不了解自己、不愿意互相体谅呢？

会这么想，其实很正常也很合理。一般而言，最是亲近的人却对我们的处境不体谅，我们难免会感到难过，也无法理解。那么，换个角度想，对方会不会也在心中抱持着跟你一样的想法，也同样无法理解呢？

任谁都一样，被自己在乎的人冷落或讨厌，一定会难过。但更难过的是，自己还要假装不在乎。我们并不是真的那么无所谓，是自尊常常逼着我们假装无所谓。说不定，对方也和自己一样，只是谁都不愿先低头认错，谁都不愿先开口沟通，导致误会越结越深，相处的气氛越来越僵，彼此的心也就越离越远。

当一个人不再理会你或选择离开你，那并不是临时的决定。树叶是慢慢枯萎，冰山是缓缓融化，人心是渐渐变冷的。灰心，往往是因为伤心太多太久所致。

为什么会吵架？其实不是不在乎，反而是太过在乎。因为在乎彼此，一点点的摩擦都会让双方受伤惨重。如果根本就不在意对方，老死不相往来也无所谓，可是，明明彼此有很深的羁绊，为什么就不能相互包容呢？与人相处，怎么可能事事都合得来，哪有不吵架的家人？吵架也是一种沟通，但前提是双方愿意坐下来长谈，愿意了解彼此的想法。

不要单方面认为别人对自己不够好。真正的体贴是让人察觉不到的，事实上，他们对你的好早已让你习以为常。太容易获得他人的好，所以不懂失去的难过，甚至忘了要珍惜；也因为总是被人宠爱，忘了被伤害的痛苦，也忘了需要感恩。人是很微妙的，对不熟悉的人展现客气友好，却习惯对身边最亲近的人采取命令或不耐烦的态度。

就算满怀着关心，却往往不愿说出口。比方说，父母为了关心孩子的安全，才会规定每晚回家的时间，明明是因为担心才会打电话询问，却想掩盖自己的担忧而用命令的语气说话。有些孩子想要多陪爸妈聊天，不是话题接不下去，就是对事情的立场与观念不同，最后只好以尴尬收场，即便很努力地尝试交流，结局还是一样，倒不如干脆躲在房间打游戏。

我们难免会遇上困难或脆弱的时候，当然会希望周遭的人可以为自己着想。指责或抱怨不一定能让事情马上变好，但是，一点点的善意与体贴肯定能让当下的我们变得不再难受。对家人好一点，当我们年纪越来越大，身边重要的人将越来越少，家人对于我们就越来越重要。

谁都有协助别人的机会或需要请人帮忙的时候，别人也许会嫌麻烦，但只有家人是嘴上说着麻烦，脸上却是带着笑容来帮忙的。

选择留下来的人，才是真正的强大

能够外出闯荡、勇敢向前，这样很棒。但是，真正强大的，是留下来替你照顾家、让你有家可归的人。

这几年打工度假与所谓的“穷游”在台湾地区非常盛行，为数不少的大学生在毕业之后没有立即投入本地就业市场，反而优先选择出去打工。也有越来越多进入社会许久的年轻人，赶在申请出去打工或度假的年龄限制之前，宁可放弃在职场上累积多年的成绩，选择离开熟悉的家乡，去体验另一种未知生活。

或许，有人认为他们是在逃避现实，也有人会认为他们的决定不成熟，但怎么能确定这些出去闯荡的人所面对的现实比较轻松呢？又或者，选择留在台湾地区工作的人就比较成熟？听了几个从外面打工回来的朋友分享，在异乡度过的日子并没有想象中的惬意愉快。

到底要选择安分守己过日子，还是挑战新鲜的未知人生？答案没有绝对的好坏，无论选择哪一个方向，都是自己的人生，必须更加认真过、好好过。

梦想都曾存在于我们心中，可以为了它而努力，也能为了它而坚强。辗转多年后，虽然自己没有成为原本想象中的理想模样，难免会遗憾，但别太失望，我们只是配合着现实不断地调整自己，用最适合的方式生活而已。

很多人想把生活过得像烟火一样精彩灿烂，可是，单纯过日子就已经让人忙碌混乱得像烟火要爆炸，至于精不精彩，就要看你是从什么角度来评断了。

做任何事或下决定，并不会只有一种选项是正确的，千万不要让自己陷在对“正确”的执着与框架之中。

我们都是在一次又一次的选择、一次又一次的遗憾或懊悔中，才逐渐变成别人眼中的成熟大人。选择了一件事情的同时，也意味着会失去自我的某些部分。有时难免会有“唉，当初自己为什么没那样做”的感慨，也会有“原来我也做到了这件事”的满足。只要是为了自己与所爱的人。无论选择了什么，都一样值得骄傲。

如果你能够勇敢放下一切，追逐自己的梦想，那是一件不容易的事。但是，也别忘了感谢替你留下来照顾家人以及等你回家的人。他们可以选择丢下一切去追求自己的梦想，并没有义务替你守护一切，但他却愿意承担维系这个家的责任。

我们总是在离开家乡远了、久了，才能体会到有家的美好。有句话说得好："心若没有栖息的地方，到哪里都是在流浪。"在名为"人生"的海洋中奋力搏命之后，唯有家才能让我们犹如备受摧残的破烂小船得以停泊。回到属于自己的家，在家人的关爱、斗嘴与嬉闹之中，默默修复了自己原本千疮百孔的心灵。

人生最重要的，不一定是完成什么伟大的梦想，而是好好对待每一天、好好陪伴所爱的家人，那就是值得庆幸的事情了。每一个在身边支持自己的人，都是值得感谢的人，不管是家人、友人，还是情人。

当你远行后回到家，可能会发现很多事情都变了，家里的摆设变了，家人的装扮变了，甚至连你自己都变了，但是唯一没变的，是家人那颗愿意挺你到底的心。

守护最平常的小事，那是家该做的事

不是第一名没关系，没有赚大钱也没关系，只要能够健康平安地生活着，那才是最重要的事情。

很多人会说：“我可没有要求小孩一定要得第一名！”嗯，是的，你没有要求得第一名，只是期望他至少要在前10名，若在前三名更好……

还会有些人说：“我没有要小孩赚很多钱！”嗯，是的，你没有直接说要赚很多钱，只是偶尔有意无意地提起，隔壁邻居或远房亲戚家的小孩多么有出息、多么会赚钱……

目前台湾地区社会价值观还是以数字导向为主，学校要求学生成绩，公司要求员工业绩，人与人之间会相互比较分数、学历、收入与地位、职称。他们说，这不是天经地义的事吗？若学校不要求成绩，难道让小孩整日玩耍、联谊和谈恋爱就好吗？公司不要求业绩，不然要做功德，放任员工偷懒不做事直到公司倒闭吗？不跟同事用各类成绩来比高低，那么，自己牺牲休息与玩乐时间，如此努力拼命，难不成是吃饱了太闲吗？

若你这样质问我，好像也没有什么充分的理由可以反驳，这些想法并没有不对，只是反映了这个社会多数人的价值观。但是，没有不对，却也不代表是唯一正确的。**成绩与财力，确实可以让我们拥有较多的筹码来面对人生，却并不保障未来绝对会幸福快乐。**

孩子的成绩优劣，只要是认真努力过了，问心无愧就已足够。在学校里，每个科目都是100分固然很棒，但出了学校之后，大家都是归零重新开始。若是能让他们养成良好正直的品格与豁达知足的心态，那才是真正值得骄傲的事情。当一个人拥有了如此的品格与心态，肯定比别人多了事业成功、自在生活的机会。

不用给自己定下太高的目标，那只会衍生更大的压力，虽然家人都会有所求，希望我们能够出人头地、出类拔萃，但再美的桂冠也无法比你对家人的关爱更值得骄傲，再高的地位也无法比你拥有的快乐更值得欣慰，再多的财富也无法比你一直永葆健康更值得庆幸。

没必要事事求胜，也没必要样样求好，总会有力有未逮的时候，已经尽力了就不要再逼迫自己，若结果不如预期，就难过吧，但不要心灰意冷。有时，“加油”只会让人更受挫、更沮丧，不如给自己休息与放空的机会，偶尔输一下也无妨，人生并不是非要完成某件事才能过得去。

不要把“家”变成自己或家人的压力，它应该是我们期盼回去的所在，是每天下课或下班后可以抛下外在一切急着归去的地方。无论你走了多远，或是在外头多么开心，仍然会牵挂着它，请让自己的心拥有可以归去的家。

自以为是保护，往往成为禁锢

或许，你认为自己提供的是保护。可是在他们心目中，有时是一种无形的禁锢。

“我是为了你好。”

“照我说的方法去做就对了。”

“我以前错了，不希望你也走相同的冤枉路。”

以上都是为了说服别人经常出现的说辞。或许你会想，自己是真心为对方好，不希望他受到任何伤害；认为自己的方法比较适当也没有风险，何必再去做其他尝试？不如把时间花在如何做好上；自己也曾做过对方想做的事，但失败的经验让你认为何苦再浪费宝贵的时间，反正最后的结果铁定一样惨。

你以为自己的反对或建议是对他们的照顾与保护，不让对方受到伤害。然而，你的反对与建议，说不定本身就是一种伤害。你自认为是为了对方好，可是这样的保护却未必是对方想要的。那么，这样的付出对他来说不是施惠，反而是一种困扰。

不是所有给予一定是对的，也不是每种善意都一定是好的。当你疑惑为何没有得到回报，除了被人视为理所当然，更有可能会造成别人的负担。没有用心了解对方的需求，总是一厢情愿去阻止和反对别人的想法，那是一种很伤人的“保护”。

也许你真的有经验、有智慧，替对方周全地考虑了很多孰优孰劣的因素，分析了内在与外在的各种条件，甚至早已规划好怎么处理及完成整件事情。但问题是你考虑、分析好了整件事，却从头到尾没有询问过当事人的意愿与想法，就要让对方全盘接受，这种不尊重人的善意，怎么想都会让人难以接受。

你对他的决定无法赞同，可能是因为自己也曾做过相同的决定，导致最后的结果不尽如人意，因此，不希望对方重蹈覆辙，改选其他的路才不会懊悔。可是，相同的路让不同的人来走，每个人注意到的风景并不一样，体会的感想也不尽相同。当初自己失败，并不代表别人也会失败；当时我们遭逢暴风雨，说不定人家现在遇到的是晴天。

我们往往对自己在乎的人过度保护与过度干涉，认为那是关爱的表现，也是一种责任。**家庭是由人所组成的，凡是人都需要被尊重，身为家人，并不代表就有权掌控对方的人生。**你应该想的是别让自己一直以他人为重心，不要习惯从别人身上找到自我价值。

有一天，你会明白不能太多嘴的道理。人通常只有在犯错后才会记取教训，只有在受到打击后才会成长，过多的付出只会让对方变得习惯，而不会心存感激，更糟糕的是，日后对方将无法承受突如其来的失败。该放手时，就让他自己去尝试，就像鸟在学会飞翔之前，总得先试着往下跳。

身为家人，我们要做的不是把对方保护得好好的，而是好好支持，支持他的举棋不定，支持他的跌跌撞撞，也支持他的一败涂地，家人是永远的靠山。

不要以为你所给予的就是好，这世上有一种好，就是能够用自己想要的方式做决定，然后用自己喜欢的方式过生活。

请为扛下家中责任的自己喝彩

照顾家庭可能让你感到沉重，你没有逃避，因为责任能让你成长，也只有你，才能带给他们笑容。

有时候，心情会突然变得低落，不想跟任何人说话，也不想做任何事情，只想静静地发呆。别人问起，也不知道该怎么回答。总不能轻易说自己累了，其实，就算说了好像也无所谓，但真的就是说不出口。你不是装酷，也不是想逃避，只是无力诉说。

人们总认为，结婚后的女人要当好妈妈、好太太，把公婆服侍好，把老公照顾好，把小孩教养好。可是，现在的社会除了要求女人遵守传统规范，还必须经济独立、又要保持美丽样貌姣好身形，简直是全才。

虽说这样的观念根本上是将女性物化了，但男性也逃不了被物化的可能。男人被物化的标准就是“经济能力”，身为男人就必须努力赚钱，扛起养家的责任。甚至，还在就学时的你，年纪轻轻就不得不开始分担家中经济，有些人还要帮忙照顾年迈的长辈。

照顾家庭确实是沉重的责任，难免辛苦，甚至痛苦，但你从不逃避、推卸，因为你明白只有你们拥有彼此才能患难共度、相濡以沫；因为你相信唯有家人过得好，自己才会过得更好。经济条件确实是建立家庭的基本保障，没有收入，光靠亲情的羁绊也难以巩固，在穷困潦倒之时，即使勉强维持，也很难有幸福快乐可言。但是，家不是只靠物质就能搭设起来的，就算有名贵家具、先进家电与舒服的床铺，却没有亲人之间彼此的关爱，那也称不上是真正的家。

经营一个家，原本就是一份责任，但这份责任并不是只有谁能扛，只要是家中的一分子，就应该付出心力，没有什么是自己开心就好，没有谁有资格要求谁得挑起全部重担。你愿意担起责任，而放弃自己想要做的事，以成就自己所爱的家，请记得为自己喝彩。

虽然很累，虽然很苦，但你很清楚地知道努力的目标是为了什么，既不是赚大钱，也不是实现伟大梦想，而是让家人开心才最重要。但你或许不知道，往往让家人最开心的，是当需要你在的时候，你不会为了赚钱而冷落了他们。如果真心爱一个人，就该多留时间在对方身边。唯有陪伴，才是最有价值的。

或许你经常累到什么话都不想说，也不想因为自己的抱怨而影响到身边的人。没关系，那些疲累、那些委屈，睡一觉就让它过去吧。背负着昨天，再来面对今天，只会让自己更累。就把昨天的不愉快统统留在昨天，才有时间感受下一种迎面而来的愉悦。万一真的撑不下去了，就别勉强自己，该发泄就发泄，家人永远是我们可以倾诉的对象。

或许我们无法完成心中的梦想，但也不要因此而对家人有所怨怼，不要忘了自己身为家庭一分子应有的快乐。我始终相信这个世界有一种快乐的方式，就是让自己所爱的人开心过日子。

我们也要记得，感谢在深夜为你留一盏灯的家人，感谢在大雨中为你撑伞的家人，感谢每天接送你上下班的家人，感谢在你难过伤心时默默陪伴的家人，感谢那个在医院病房里细心照顾你的家人。感谢他们，成就了我们的人生。请感谢家人无私地展现生命中的温暖，让我们远离阴霾、渡过难关，成为一个善良的人。

即使是再亲密，也要适时拉开距离

不必期许彼此应该无话不谈、没有秘密，每个人或多或少都有连自己都不想忆起的心事，更别说是跟别人提起。

曾以为你们无话不谈，随时分享彼此的心情，就算偶尔吵架、冷战，最后他还是会找你说说心中的烦恼、疑问或秘密，这是你所认定的“爱”。可是，你们在无意间发现对方并非任何事都与你分享，在他内心默默隐藏着你所不知道的秘密。正因为把他当成“自己人”，认为开诚布公、肝胆相照是应该的，一旦发现对方有心事不愿向自己吐露，你的心就像被射中了两支箭而大受打击。

很多人都认为与亲密的人在一起，就该分享生活中的点点滴滴、喜怒哀乐，这样才称得上是“亲密”，不论是亲情或爱情都该如此。但别忘了，你们之间除了拥有“家人”的联结，同时也是单纯的人与人之间的关系，每个人都是个体，都需要有自己的空间与隐私。

在任何一段关系里，每个人都有他神圣不可侵犯的领域，或是不愿与人共享的小空间，那不是不用敲门就能随便硬闯之处。有些人自认为关心对方，或出于为对方好，就直接地去撬开对方的心门。然而，无论彼此多么亲近，仍然需要有一些尊重与隐私。

每个人都拥有独立的性格及价值观。当对方不愿分享，何错之有？每个人评判“亲密”的标准不同，对于“秘密”的定义也不同，不必用自己的标准去要求他人，也不必为了对方没有事事与自己分享而感到泄气。尊重彼此的隐私领域，给彼此自由去判断什么事该说出来，以及在什么时刻说出来。

不要一味地认为那是别人对你的不信任，同样地，也不要觉得是自己的问题才让对方不愿说出口。或许，他只是还没到该吐露的时候，等心态调整好了，时机成熟了，自然会与你分享。

面对那些生命中最重要及最亲近的人，唯一能做的，就是让他们明白“无论如何我都会在身边陪伴着”。对他来说，这就是最美好的爱了。

谁都有属于自己的烦恼、疑问或秘密，只是因为体贴别人，或担心被误解，所以不习惯坦率地表达心情。他担心一旦说出口，反而会造成别人的困扰，或是引起不必要的误会与纷争，只好选择深藏心里。把发生的故事封箱，假装若无其事地继续过日子。

希望所爱的人过得好，就请先让你自己过得好。若希望与所爱的人拉近距离，就请多花时间陪伴对方。**所谓的“亲情”，血缘只是地基，彼此的牵绊是需要时间与心思来慢慢建构的。所谓的“亲人”，除了心甘情愿的关爱，还有肝胆相照的义气，以及不离不弃的陪伴。**

至于那些你们彼此不知道的秘密，请等到阳光照射到那个角落，一切自然会豁然开朗。

父母失和，不是堕落的理由

别把父母不和睦当成自己变坏的借口，你最后变得如何，终究是你的决定。千万不要把它作为惩罚父母的手段。

因为生长在单亲家庭，或父母长期不在身边，在学校被人嘲笑、被人欺侮，于是你为了保护自己，不得不用叛逆行为、粗鲁言语以及肢体暴力来对抗世界。有些人会认为反正家已不再完整，爸妈从不在意自己的感受，也不给予关怀，不如就自行脱离，因此，在学校不读书、翘课玩乐，甚至在外逞凶斗狠也无所谓。

你之所以这样想，我都懂。在我年纪很小的时候，父母因为不和而离异，成长过程中也不见他们的陪伴。或许你会问我："羡慕拥有完整家庭的人吗？"怎么可能不羡慕？"会怨恨不在身边陪伴的爸妈吗？"怎么可能不怨恨？因为会羡慕，因为会怨恨，我在青少年时期也曾叛逆、变坏过，反正没有人关心，也没有人想管教，让生活过得一塌糊涂，那也是理所当然的事情。

在那段时间，翘课、离家出走、打架滋事，根本就是家常便饭。你会问："那样的日子开心吗？"现在回想起来，其实一点都不开心。那时自己的所作所为，只为了寻求别人的认同、企图获得关注、索取关心罢了。你又问："对于那段放荡的日子，后悔吗？"如果一切可以重来，我会选择用正向的心态去面对，而不是白白浪费那段光阴。可惜的是，这世界还没发明时光机，也还没有治疗后悔的特效药。

别把家庭不和谐变成自己不好好生活的理由。**你的前途会如何，家庭只是其中很小的因素，真正会影响你的，是自己怎么善用时间与身边有限的资源。**不要因为没有父亲、母亲的陪伴而毁了自己的一生，用宽容的态度去看待，父母有选择自己道路的权利，你同样也有。我们无法控制别人的决定，但可以选择自己要用什么样的心态生活，别虚耗在不谅解与怨恨的情绪上，这惩罚不了别人，只会伤了自己。

将自身境遇怪罪在别人身上又如何呢？唯一该检讨的，

是那个不愿好好照顾自己的我们。其实，身边依旧环绕着美好的人、事、物，只是它们在不知不觉中被我们的无奈、不甘与愤恨的情绪给掩盖住了。

何不换个角度去思考，某些人来到你的生命里，不是为了陪伴你，而是为了让你明了未来该怎么陪伴身边最重要的人。

很多不开心都是自己给的，希望有人疼爱、有人关心、有人照顾。或许，我们最该明白的是，每个人都有选择生活的权利，也许父母的选择并非我们所要的，但他们却因为这个决定而过得很好，那也只能予以尊重与体谅。试着包容生命中的不完美，才能懂得在不完美的生活中找到自己真正需要的美好。

成长就是在反复的获得与失去之间堆叠起来的，珍惜身边既有的，无法留下的就不需要太执着，拥有自在的心情，才能拥有自在的人生。

问题从不在于成长环境的样貌，而是你想要成为何种样貌。我们总以为是环境或遭遇拖垮了我们，其实是我们紧抓着环境或遭遇不肯放手。

哀伤，少一点就好

你无法选择亲人离开的时间与方式，不要再去增加死亡的重量，让必须经历的哀伤简单些。你要过得好好的，那才是所有人的盼望。

总会有那一天，对自己重要的人离世，痛苦与悲伤会在一时全面涌上，你必须习惯再也没有他的人生。尽管清楚人终将死亡，但我们永远无法预先做好准备。事情总是突如其来地发生，当下的反应是震惊，接着混乱无序，虽然理智上明白发生了什么事，在情绪上却无法意识到那是真的，或者打从心底抗拒，否则，自己的身心将难以承受这突如其来的打击。

我想，最让人感到难过的是直到最后，终究不得不接受他的离去，而且是永久的道别。不会再有欢欣鼓舞的重逢，也不会再有神奇逆转的结局，听不到他的责骂，看不到他的笑容，也感受不到他的体温。时光无法倒转，现实无法改变，奇迹完全无用。

亲人的离去，其实对我们是另一次成长的开始。要优先考量的，不是离开的人，而是那些还活在世上的人，包括你自己。

既然离去已是无可撼动的事实，那就不要再去加重死亡对身边的人所造成的负担，让必须经历的哀伤单纯一些。换句话说，不要一直沉浸在没有他的痛苦中，而是要开始思考，该怎么让身边更重要的人过得更好。所爱之人的离开肯定让我们悲恸不已，若一直用悲苦的心看待所处的情境，只会让自己与身边的人陷入更深、更沉重的痛楚中。

没有什么打击是无法绕过去的，也没有什么伤痛是好不了的，那些悲伤的经历就像是人生道路的收费站，就算不想过，还是得过。或许，我们永远都无法让自己准备好来面对这一切，以为没有了谁就活不下去，但自己才是真正的关键人物，这次，你也会撑过去的。

这世上再美好与再糟糕的事都一样，过去了便无法重来，唯一能做的，就是继续向前走。

面对亲人的离世虽然痛苦，但它总会留下一些什么，或许改变了我们长久以来的生活模式，也可能重塑了建构未来的想法。比方说，当一个重要的生命消失，会提醒我们去追求一些早已遗忘的重要目标，或是去执行一直被拖延着始终不愿去执行的事情，因为我们总天真地以为，自己还有大把的时间。

亲人逝去无比沉重，却提醒了我们人与人之间的牵绊是多么珍贵，也多么值得珍惜。恰好提供了我们自省的机会，重新审视生活中的人、事、物该如何排列优先顺序。

努力过好每一天，也照顾好身边的每一个人，这才是我们该做的，也是离去的人所盼望的。

过多的爱意，最能摧毁人

过度的保护与溺爱，对孩子来说，其实是一种慢性伤害。

之前曾在网络上看到一则小故事，内容大意如下：

西方小孩问他爸爸：“我们家这么有钱，可以买机器人战士给我吗？”

爸爸回答：“钱是我的，不是你的。我的钱要怎么使用，由我决定，我想买什么送你，也由我决定，你可以选择不接受。你将来长大了，要自己赚钱，才能自己决定拥有什么，懂吗？”

如果是台湾地区小孩问他爸爸："我们家这么有钱，可以买机器人战士给我吗？"

爸爸回答："当然可以，我们家很有钱，等你将来长大了，我的钱都会是你的。"

虽然这则故事有点夸大，却可以明显看出中西方父母在教育孩子的观念上有极大差异，这两个小孩到最后都会继承父母的财产，不论是有形的还是无形的，但不同的教育方式却会深深影响下一代看待人生的态度。西方家长的教育方式，会让孩子明白不能依赖他人，凡事要靠自己努力，有多少能力决定拥有多少财力；而台湾地区家长的教育态度，很容易导致小孩产生"反正家里很有钱，爸爸会罩着我"而不需要太努力的观念。

爱护孩子是人之常情，想要让孩子在优越的条件下无忧无虑地成长并没有错，更重要的是，要创造出一个良好的学习环境。但是，这里指的学习环境并非布置出很棒的书房、聘请很优秀的老师，或是购买很多课外读物，而是在生活中，一点一滴传达给小孩正确的价值观，以及对为人处世的提醒。例如，每天的零用钱是必须帮忙做家务才能获得，建构出正确的运用金钱的概念；倘若你在某些公益团体担任义工时，不妨也带着孩子一起参加，让他们了解助人为乐、施比受更有福。此外，也要培养他们的同理心，多为对方着想，以客气礼貌的态度待人。

家长的身教永远是孩子最容易学习的方式。别忘了，**我们并不能全权决定下一代今后的人生，必须由他自己来创造才是。**

我们所能做的，就是引导与协助，而不是强迫与保护。过度保护与溺爱的结果，就是让孩子在社会上失去了与人竞争的能力，可能还会造成他日后变成不愿辛苦工作只想伸手向家里要钱的啃老族。

一路走来，我们都深受遇见的人、事、物所影响，比方说家族、老师、同学、主管、同事，日常生活或是职场环境等。这些看似细微的因素，都会让每个人的一生变得不同，可是真正决定人生结局的，还是要视自己的价值观而定，无法被他人左右与强迫。

我们能够试着创造的，就是一个让他可以独立自主决定的环境，而不是事事保护、无限给予的过度溺爱。

孩子不是完成父母梦想的工具

每个人都有各自的路，别把别人当成另一个你，代替你去执行未能完成的梦，那是可怕的自私。

偶尔听到别人说的真实案例，有些父母会把自己没有机会再尝试或完成的梦想强加在下一代身上。

有一个妈妈，年轻时想当歌星，却因为某些原因而无法圆梦，于是，她把这个梦想寄托在自己的独生女身上。我不确定小女孩是怎么想的，但在我看来，她好辛苦又不快乐。除了平时不算轻松的学校课业之外，每天课后还排满了各式各样的才艺课程，而且几乎都是妈妈亲自陪着练习，压力之大可想而知。

我也听过有人因为自己没考上某大学某专业科系的研究所，于是，从小严格要求自己的两个小孩的学业成绩，管教十分严厉，几乎不给玩乐的闲暇时间。孩子们就在读书、补习、考试和做练习题中度过。甚至，他还告诉两个小孩，若谁能考上某大学某专业科系的研究所，就能获得家中全部财产。

那些总想控制他人的人，通常是控制不了自己的人。他们控制不了自己想操控别人的行为，控制不了自以为正确的想法，也控制不了自己想要填补内心遗憾的欲望。**别把孩子必须传承自己的思想与意志视为理所当然，因为他永远不会变成任何人，包括你，因为他是独一无二的。**

不必拿孩子跟自己或任何人比较，说不定他们将来会在某方面超越你。不要一味地认为他做得不够好，很可能只是因为你所期待的，并不是他想要的而已。别忘了，当初你就是无法完成自己的梦想才会感到遗憾，因此，更能体会无法做自己想做的，反而要去完成别人所期待的，那是多么痛苦的事。

不要让自我满足摧毁你所守护的家，不要执着，也不要迷失。其实，与孩子相处的时间并没有想象的长，真的不要将时间耗费在对他们施加压力的事情上。

人生，就像是一辆直行的快车，停不下来也无法回头，无论是好是坏，过去就是过去了，不要被那些错过的遗憾牵绊住。请对过往的自己释怀，也用体恤的心情看待还在探索人生道路的年轻灵魂。

倘若身为子女的你，一直压抑内心真正的想法而顺从他人的意志，企图让对方感到开心，让这个家不会因为你的不听话而搞得乌烟瘴气，反正只是稍微让步而已。**你愿意为自己的家庭做出牺牲，确实是值得赞许的事，但家庭的圆满与否，不该是用任何人的将来、梦想与痛苦来实现的。**

你不必拿自己的人生来交换父母的爱，因为真正爱你的人，绝不会为了完成自身的梦想而甘冒破坏你们之间的感情的风险。

假如父母的一句“为你好”，其实是为了完成自己未完成的梦想，那对孩子来说并不是好，而是对他人生的干扰。若为了孩子好，应该是给予“家”的温暖。家，是给予在外头为追求目标而打拼的孩子们最温暖且最舒适的去处。

自己的家，自己造

我们无法选择出生的家庭环境，但至少可以选择用什么样的方式过活。

我们总是追求着自己所没有的事物，比方说，金钱与美貌。总会有人抱怨，为什么自己不是出生在财力雄厚的家庭，这样就不必每日辛苦工作赚钱，也不必忍受别人脸色；或是埋怨自己长得不够好看，怪父母的基因不好，都是因为他们长相太差、身高太矮，才会影响自己的外在条件；也有人觉得家里的人粗俗、没文化、没气质，跟他们一起出门感到很丢脸。

最大的问题根本不在家庭成员、成长环境，而是我们用什么样的眼光、高度来看待家庭与家人，还有自己。

其实，我们需要的并不多，却总忍不住与别人比较。为什么要与人比较家庭呢？比来比去，他家也不会变成你家。我们很容易站在有距离的外围来看待他人，用想象来美化别人的人生。真的不要羡慕别人，说不定自己才是被羡慕的对象。

看到别人拥有优越的生活而嫉妒时，当遭遇失败而怪罪自身家庭时，或是受到他人嘲讽而妄自菲薄时，都别忘了，没有人应该给予你想要的那些条件，包括父母及家人，若有人肯给，就要当是自己赚到的，如果拿不到，就努力去争取。

家庭背景，不该被当作拖累自己的理由。如果不喜欢别人给你的环境，那就要想办法自己去创造。

别把自己的不顺遂归罪于任何人，该怪的，就是还不能创造理想生活的自己。满肚子的消沉悲观、怨天尤人，只会将想要的生活越推越远。若一直把家人与环境当成借口，将永远都不可能脱离现况的。

有些人很幸运，含着金汤匙出生，却因为自己的不学好，最后把所拥有的金汤匙给弄丢了；反之，有人虽然没有含着金汤匙出生，最后却拥有了一整组金餐具。这世上没有真正糟糕的环境，只有心态糟糕的人。

一个人能拥有好运，那是因为他懂得修正心态，并且呵护每一位守护在身边的人。当自己越来越好了，所遇到的人也会越来越好，相对地，身处的环境也会越来越好。

你需要的，不是家财万贯的父母或是金碧辉煌的家，而是愿意在你落魄潦倒、沮丧失意时，依然愿意给予温暖的家人。

要珍惜在你伤心难过时一直陪伴在侧的家人、在你害怕或面对危险时愿意舍身保护自己的家人，以及在你嫌弃他们之后依然不离不弃的家人。有了家人这个后盾，我们才能义无反顾地去创造人生；有了他们无私的给予，我们才有能力去给予别人温暖；有了他们的永不放弃，我们才能奋不顾身地追寻梦想。

人生没有所谓的完美，而家庭肯定也有不完美之处。真正的快乐，就是不要去在意那些没那么美好的部分，并且懂得在平凡的生活之中找到自己热爱的部分，然后好好爱惜。

第五辑

放弃很容易，但坚持一定很酷

生活没有想象的那么糟，现在开始不要轻易放弃，坚持走下去，就会发现到达了人生的另一个高度。

可不可以不要一直充满正能量

悲观者的好处，在于会先看到地狱那一边，之后只要稍微有好一点的境遇，就像是在天堂了。

虽然写了很多鼓励大家正向思考、乐观看待眼前困境的文章，其实，也和很多人一样，自己是一个想法容易有悲观倾向的人，有着不习惯向旁人吐露心事的性格。

或许，正因为明白悲观者的心情，了解悲观想法所带来的负面伤害，懂得心中充满负能量的可怕，才能体会到乐观的好处，愿意学习转念的力量，以及学会珍惜身边的美好。

不是每个人的个性都是积极开朗的，不是任何人的想法都是正向乐观的，也不是所有人面对不如意时都能轻松以对。乐观的人确实有他面对逆境的先天优势，可是，我却相信悲观的人也会找出面对人生的窍门。

不一定要强迫自己随时充满正能量，而是要学习如何应对心里产生的负面情绪。每个人的性格都是与生俱来的，很难被改变，即使强制改变也不是一朝一夕就能做得到的。我们所能做的，就是学会顺应它，试着驾驭性格中不好的部分，找出与负面情绪和平共处的方法。

要让一个原本忧郁孤僻的人马上变得乐观开朗起来，根本就是强人所难。“放下、正面、加油、看开点”这种鼓励性字眼在闷闷不乐的时候出现，听起来就是没有用处的废话。越是想要放下，就越容易放不下；越是想要正面思考，就越容易想起负面的事情；越是想要看开点，就越容易看到在意的那一点。

这时需要的是，懂得与负面情绪共处，而不是去压抑它或是无视它。

不妨正视自己的心情，找到属于自己的排解方法。有人是看搞笑、没营养的节目，有人是出门去郊外散心，有人是用运动来发泄情绪，有人是找三五好友聊天谈心，也有人跑到深山里大喊大叫，总会有一个适合你的方式。

应对心中不好的情绪，不用强迫自己乐观积极，很多时候，那才是不快乐的源头。

悲观，好像一无是处吗？我是悲观的人，却认为悲观也是有好处的，面对事情时总会先看到地狱的那一面，心里会先预期不会有太好的结果，因此，之后稍微看到一丝曙光，就会开心到像是置身天堂了。

任谁都会遇到不如意的事情，偶尔也会有担心害怕的情况，或是不明所以突然心情低落的时候，差别在于有人会用适合自己的方式处理它，甚至将它转化为成长的动力与优势。

你已经设想过最差的情形了，不如转换心情放手一搏吧，相信过程一定比你想象的还要顺利。带着不好的心情，就会做出结果不好的事情。

我们该练习的，不是在雨天散步，而是在雨天时心里再怎么不爽，雨过天晴后又能笑着跑步。

活着，是来做自己，不是做别人喜欢的事

积极向前很棒，缓缓前进也不是不行，每个人适合的生活方式不一定相同，不必用别人的步调来难为自己。

我们很习惯拿他人的成就或目标来跟自己做比较，或者用别人的目标和进度来硬逼自己跟上。“积极进取”是难能可贵的精神，愿意向比自己优秀、成熟的人学习，是值得受到鼓励的。可是，别人的成功途径是属于他的，任何人都无法照着原路再走一次。**别人前进的节奏是适合他自己的，我们无法用相同的速度前行。你可以参考别人怎么做，但不是全然模仿，而是要思考自己适合的方式。**

在学校、职场或是社会中，大部分的人都不愿意让自

己看起来与众不同，尽量让自己与周遭的人同化。事实上，年轻的我也曾如此。

明明不喜欢某位明星或某部戏剧，为了跟同学、朋友有话可聊，于是强迫自己去欣赏，假装自己也很喜欢；明明对某些事情根本没兴趣，因为同学、朋友都在做，所以也跟着去做，还要假装自己很开心。

其实，每个人都是独立思考的个体，何苦要逼着自己一定要与别人相同。而且为了别人而做的事，那怎么能叫心甘情愿？既然不是自己喜欢的、愿意做的事情，最后的结果当然不可能会美好，最后的成绩自然不可能会很理想。

模仿，未必全然不对，它是一种学习方式与捷径。但是，我们应该从模仿的人、事、物之中找出适合自己的，并从中转变出更出色的做法，而不是复制再粘贴上就好，这样的做法绝不会让自己有所成长。

对于目前正在做的事感到迷惘时，我都会用这句话来提醒自己："我们活着是为了做好自己，而不是去做别人喜欢的事情。"

不必一直羡慕别人的成就，不必老是追随别人的道路，更不必总在思考别人要走什么方向，我们必须先弄清楚自己的路，如果连自己要往哪里去都不清楚，那么，别人要去哪里关你什么事？跟着别人走，或许是一种方向，也是最省事的方法，但终究还是要以自己的步调前进，也要判断这条路到底是否适合自己。

人生的道路是靠我们自己开创的，没有人规定要用多快的速度到达，也没有人规定要怎么走。即使在最彷徨无助的时候，即使汗水或泪水让你快要睁不开双眼，还是可以缓步前进的；你也可以选择等待，等待引领你持续前进的声音出现。该前进时，不必别人推，你自然会自己迈开步伐。

积极，当然很好，但不是埋首拼命一直向前冲就好。休息，不只是为了走更远的路，也是让自己有时间思考接下来该怎么走。有一天，你将会发现最有成就感的，不是你能够做好什么事情，而是终于明白自己适合用什么方式做好事情。

适合自己，才是人生中最重要的原则，无论是任何事情。

失去是最好的获得

有人会尽力把失去当成获得在生活着，也有人随意把拥有搞成失去在生活着。这就是珍惜与不珍惜的差别。

经常听到有人抱怨自己的工作、家庭，或是生活中所接触到的人；也时常看到有人把家人的付出、朋友的好意，或是他人的帮助视为理所当然。仔细听完那些抱怨之后，你会发现这些遭遇根本没有很悲惨，与真正辛苦的人相比，甚至还可以称得上是幸运与好命了。

将他人的善意视为理所当然，若对方不给予好处、不愿表现出善意，就立刻暴跳如雷。有些人之所以不快乐、烦恼及无奈，我想，最大的原因在于他们的心。

如果你一直只专注失去的部分，心里存着与人计较的想法，即使得到再多、再好的物质生活，别人给予多么真诚、多么无私的心意，你也永远不会感到满足。

我们是否可以拥有自在的、愉快的生活，就在于我们是否珍惜现在拥有的一切，是否怀抱着感恩的心看待他人的付出。

当某些事物失去了、情况不好了，那也是没有办法的事，我们只有两只手，能抓住的有限；我们的力气就这么大，能够负担的也有限。本来就不可能全部占有，最重要的是，好好珍惜自己还能拥有的、把握的。

有时，失去是最好的获得。对你真正重要的事物，若不用心去感受是不会明白的。有人因为失去了之后才终于领悟，并且长大成熟了，不再怨天尤人，反而懂得用认真踏实的心待人处事，用感恩的心去看待他人对于自己的支持与好意。

好好珍惜现在拥有的一切，先不要急着懊悔自己所选择的生活，可能当初选择另一种生活也未必令人满意。我们太习惯去羡慕不属于自己的生活，忘了为所拥有的美好而自豪，与其抱怨、羡慕，珍惜现在拥有的比较实在。

或许不容易，但最后终究会明白，人生不会只有失去与不好的，那些美好的事物其实一直都存在，只是在不知不觉中被忙碌、挫折与令人疲累的人际关系给掩盖了。

珍惜，或许是一种因为失去后才能体会到的价值。总要经过失败、痛苦、悔恨及打击的人，才能领悟到珍惜的重要。

没有经历病痛的人，不懂珍惜健康；没有经历饥渴的人，不懂珍惜食物与水；没有经历过囚禁的人，不懂珍惜自由。既然如此，不如现在就开始好好对待身边所拥有的一切，不要再等到失去了才后悔莫及。

试着让自己看开点儿，心要宽大，要明白“越是放不下的，越容易失去；越想紧紧抓住的，越容易溜走。那些想要拥有的，本来就不属于你；那些想要找回来的，其实也早已失去”。**太看重、太在乎，只会让自己陷入得不到与不开心的循环中而已。**

那些想要的与失去的人、事、物，都是不在你身边的，不必执着，一切随缘，唯有懂得放下，才能好好把握当下。

人生可以接受重新开始

重新开始，并不代表全盘否定过去或是背叛自己，而是愿意正视内心的改变，以及保有对未来的信心，最重要的是，你不会放弃自己。

也许你曾听过这样的一句话："每个人原本都有自己的计划，直到他们脸上重重挨了一拳。"

难免会有下错决定或做错事情的时候，我们只是平凡人，计划永远赶不上变化，只要能愿意面对自己的错误，并且改变心态、想法与处理方式，那就够了。

做错事情难免会遭受责难与批评，自责检讨是必需的，但不必因此妄自菲薄，让自己变得束手束脚。这些经历都是我们成长的印记，只会让自己变得更好、更强。不允许别人犯错，本身就是个错。

我们要做的是接受自己的不完美，明白自己随时可能会犯错，然后在犯错的当下不要怪罪任何人，好好改善自己，愿意好好面对错误之后的下一步。

有些人企图改变现状，可能是工作、就学、感情，或是人生目标，想改变或放弃的原因并不是感到很痛苦或是做错了什么，就只是单纯想改变了，或不再喜欢了。一旦出现了这样的想法，你会开始纠结，好像放弃现在拥有的，等于否定了过去自己的决定，对不起自己，也对不起相信自己的人，甚至会伤害到别人。

或许，对于自己过去的选择不再坚持，像是在自打嘴巴。但是，这不能算是舍弃或不坚定，而是内心想法的自然改变，你只要正视现在心中重新自省的决定。我们会慢慢成长，随着生活经验的累积，每个阶段会产生与过去不同的思想与价值观，这是很正常的，不必因而否定自己的人格。

我们在每个人生阶段所做的任何改变，都是在一点一滴堆积出自己的模样；而我们所做的每个选择，都是在逐渐描绘出自己的未来蓝图。人生没有什么早知当初，不管能够重来多少次，肯定都会有遗憾，也一定会出现错误与不满意的事。

其实，你不一定要有什么坚定的人生目标，也不一定要有什么伟大的人生规划，你只需要知道自己现在拥有的是什么，明白自己接下来想要的是什么。

一个人之所以会成功，不是多么聪明、有才能，或是多么富有、有人脉，而是必须愿意接受失败、清楚自己会犯错，才能吸取教训并且重新开始。

就算逃跑也是不轻松、要花力气的事，何不把力气与时间用在重新开始上呢？过去你可能以为所谓的坚持就是永不动摇，但最终会慢慢明白，坚持是就算改变了初衷，依然不会放弃自己，依然在新的方向继续前进。任何的打击与失败都不会成为自己逃跑的借口，或许改变不了别人的想法，也改变不了周遭的环境，至少改变自己，重新选择一条适合现状的路，再尝试走一次。

人生不该是与自己的心意背道而驰，就算是最保险的、最不伤人的，也绝对不会是开心与心甘情愿的。我们应该顺着自己的心意，尽最大的努力，然后做最坏的打算，并且接受自己与别人的改变，保有对未来的信心。

事情的完成，都是因为你的坚持

当你想要放弃的时候，请试着回想自己为什么要一路走过来，难道你走到这里，只是为了要放弃？

这几年，出于工作的缘故，经常有机会跟年轻人接触、共事，有些是打工或实习的大学生，当然也有刚毕业的社会新鲜人，他们给人的感觉是挺聪明的、愿意尝试，若拿那时的自己去比较，他们可是优秀多了。可惜的是，我发现有不少人做事很容易虎头蛇尾，遇到困难就放弃，不然就是失去热情而不想再继续下去。我不认为年轻人是“烂草莓”，只是他们能够选择的路太多，这条路不走还有其他路，或是根本还不清楚自己真正想要的是什么。

多方尝试、愿意尝试，才能找出更好的解决方案或更适合自己的目标。但是，前提是不能逃避自己该负的责任，不该把责任推脱给其他人，或是依赖别人替自己解决。

要选择自己喜欢做、愿意做的，能够让我们坚持下去的力量是“爱”，任何事都一样。假使只觉得“别人都在做，所以我也想做”，或只认为“做这件事好像很酷、很好玩”，抱持这样的心态去做事，根本无法尽全力，也很难坚持到最后。你的能力再好，若没有坚定的决心，也肯定做不好。

生活可能不如你想象的那样美好，但也不会像别人形容的那么可怕，更何况你的能力和意志其实往往超乎自己的预料。

有时，原以为自己做不到而不肯尝试的事，做了之后才发现其实没那么困难；有时，在你尝试之后，真的认为做不到而想放弃时，不妨咬着牙再硬撑一下，就会发现自己原来已经快走完了这条路。

当你怀疑自己的时候，不妨想想身边那些相信你可以的人。一个人如果什么事都轻易放弃，那么身边的人也会对你轻易放弃。

挑战，本身就是一个学习及成长的机会。如果你很有天赋，努力与坚持会让成果更加完美；如果你的才能普通，努力与坚持会弥补其中的不足，同样也可以做出很棒的成果。

或许你不喜欢现状，但是，现在会如此都是过去自己的不努力所造成的。如果你不希望将来跟现在一样令人不满，那么，从现在开始就不要轻易放弃。感到疲累时，表示你正处于上坡路，坚持走下去，就会发现到达了人生的另一个高度。

试着让自己别太在乎得失输赢，当你认清了人生就是一段有高有低、起伏不定的过程，就不会轻易放弃，而是珍惜现在所拥有的成果。当你对很多事情释怀了，不让那些过往的经历困住自己，也能坦然去面对那些未知的将来。

就算碰上难过或辛苦的事，也不要逃跑，用心过生活，不被过去不好的经历所束缚，也不要为自己想象过分美好的未来而分心，只要坚持过好每一天便足够了。

就算目标尚未达成，就算结果不令人满意，只要尽力了，而且没有放弃，那些都没有关系，重要的是，我们又度过了问心无愧的美好的一天。

一路上的精彩，是自己走出来的

不必特别羡慕别人走的路，好好走自己的路，别人的路未必比较好走，说不定，别人也想走你正在走的路。

我们总是习惯站在自己所选择的路上，观看另一条自己没有选择的道路，看到那边的热闹风光或一路顺遂，然后感到后悔、羡慕。其实我们看到的，永远是只被看得到的一面，在我们看不到的地方，说不定是坑坑洞洞、充满崎岖，也看不到别人为了能走得那么平顺而私下所做的很多努力。

你只能为了自己所选择的负责，假使你不为自己的人生而活，那么，究竟谁要为你的人生而活？试着不要再拿自己跟别人做比较，因为你永远不会是他们。你只是你，当然有好也有坏，你要全然接受它们，就像是孔雀拥有了华丽的尾翅，却也影响着它的飞行能力以及行走的稳定性。同样地，别人的人生当然也是有好也有坏，不必过于羡慕。

我们会去羡慕他人，绝大部分是因为已经习惯了自己所拥有的美好，而忘记该去好好珍惜；或是看不见自己的优点，但人们却懂得你有多么特别、多么幸运。

不要一直怀疑自己，你走的路或许跟别人的不一样，就算现在被认为是不对的，如果你真心认为自己没有错，并且能够坚持下去，当有一天，大家开始想要跟你走同样的路时，你就是对的了。

可能你也看过这段话："将复杂的事情简单做，就是专家；简单的事情重复做，就是行家；重复的事情用心做，就是赢家。"好好走自己的路，没有人是微不足道的，我们所做的每件事都有其意义所在，不必妄自菲薄，能够在虚伪与现实中保持真诚并努力生活的你，光是可以好好过日子都已经是何其难得。

心态，就是人生的导游，你的心有多放松，你的道路就有多轻松。如果不能改变心态的束缚，即使让你走在平坦的柏油路上，你也会感觉自己肩上扛着重重的负担而无法向前。

做人、做事既要珍惜拥有的，也要懂得舍弃拖累自己的，这样的你才能往前迈进，不要紧抓那些多余的东西不放。

人生当然不可能一帆风顺，最后能不能达成目标，不是取决于平顺时的表现，而是取决于面对逆境时的态度。该放松就休息，该认真就别随意，要相信自己也时时提醒自己。

要在自己选择的道路上奋力前进，无论体力上或精神上都是很累人的，可是，我们会在这一路上慢慢地提升自己、不断地累积实力，只要愿意全力以赴，真心想达成，总会有人扶着你继续走下去的。当你不再拿别人来与自己比较了，而是完善自己的角色，不计较一时的得失与回报，不因遭受挫败就心灰意冷，正视每次付出的表现，这样的你，不管行走在什么样的道路上都会华丽且醒目。

腰一弯，事情就过去了

人生这么长，难免有关卡，某些时刻会过不去，说不定，只要愿意暂时弯下身就能过去了。

在《只要好好过日子》一书中，我提过自己在不同行业待过。比方说，学生时期当过装潢公司的木工学徒，也在电玩店做过服务生；刚进入社会时，做过快递员、警卫员，以及跑业务的工作。这些工作可能是很多人不想做的，因为太辛苦或者太难为情。有人还很不可思议地问我：你怎么会去做那样的工作？

自己心中理想的、喜欢的工作，或许不是上述的那些工作，但是现实不可能让我们随意选择想要的生活方式，更多的是，强迫自己妥协、暂时接受自己不太满意的生活。

我一直很想从事营销企划的工作，但因为在校所学的并非与营销相关，而且大部分公司想要聘请的人都希望有相关工作经验。于是，我退而求其次，先找有兴趣的行业进入，不是企划职务，而是业务工作。

正因为我愿意向现实妥协了，才有后来的机会，在公司内部学习、观察营销企划工作内容，透过经验的累积与自我的学习，最终能够进入真正想要从事的营销工作。

为什么会再次提起自己的职业生涯？无非是想提醒：就算难为情，承认自己不够好，愿意直面生活中的现实，那也是一种勇敢。

有时，我们要接受现实，并承认自己有缺点也有很多不懂的事情，我们没办法想做什么就做什么，世界上也没有人能事事都拿手，这都必须透过经验与学习而来。或许你曾经想要成为众人的太阳，可是太阳总有下山的时刻；也许你觉得自己是不可多得的将才，但是将军也得从做小兵开始磨炼。坚持下去不容易，但要你放弃又何尝是件轻松的事？很多人总说，努力就一定有所收获，却忘了把放弃也算在内，其实，我们也能在放弃之后获得些什么。

如果这次必须选择弯下腰放弃了，那就去好好把握下

一刻的机会。如果下一刻没有了，那就再从下下一刻开始吧。别忘了，我们有一辈子的时间可以尝试。如果生活中的每件事总是完美顺利，就会变得习以为常了，因此，偶尔来些问题与状况也不错。

更何况那些你所经历过的体会都是自己的，那些遭遇的不顺利也全是你的，有一天你会走过这一切，将来也请你别嘲笑、质疑那些有类似遭遇与处境的人，记得自己也曾经有过面对现实不得不低头的时刻。

谁都有遇到关卡的时候，别再想着事事都要做得完美，不要护着没必要的面子，自尊心固然重要，但好好照顾自己与身边的人更重要。只要保持着想要进步的意图，明白自己现在虽然还不够好，但绝对可以更好，只要你愿意改变，就能找到更好的自己。

难免有流泪到看不清楚眼前的时候，难免有疲惫到动都不想动的时候。没关系，好好哭一回，好好睡一觉，明天又是崭新的一天。好日子来临前，总会度过一段不顺心的日子，到底要多久，我也不清楚，也许要很久，也可能睡一觉就来了。

我们只能认真生活，然后相信自己，给好日子一点时间，它终究会来的。因为有过不好的日子，我们才懂得珍惜好日子。

既然移不了山，就绕过去吧

如果还没有能力创造自己喜欢的生活，至少要先有能力应付眼前讨厌的生活。

很多人会抱怨自己的工作、学业或生活的种种，有些人怨念滋生，上至老天，下至地心，全都是造成他目前现况的罪魁祸首。偶尔抱怨一下，是适当的发泄，也挺好的，就像是平时难免有些小地震，有正常的能量释放才比较安全，可是频率一高，也会让人受不了的。如果你不敢放弃，也无法改变现在的生活，与其花力气抱怨，不如花精力来处理眼前必须面对的问题。

“没有做不了的事，只有做不了事的人。”有些事情未必因难，通常是你不相信自己可以做得到，或是根本不愿意做，才会认为没办法。很多时候都是自己预设立场，先不要想得太复杂，一步一步来，做好手边能做的，再考虑想要做的。先做眼下能完成的，毕竟我们不是超人，踏好脚下的步伐，再去思考接下来往上爬的路。

面对眼前的环境与问题，我们只能改变可以改变的，然后适应不能改变的，如果移不了山，就绕过去吧。

其实，大部分的问题并不是你没有能力处理，而是没有心思处理。年轻时，曾有位主管对我说过："如果有一天，早上起床发现自己出门上班很想死，那就不要再做这份工作了。"这句话影响我很深，当你发现自己做的事情一点都不是自己想做的，那就别再做了。因为你连应付的心思都没有了，怎么可能会将工作做得好？你的人生不必用来浪费时间，如同行尸走肉、歹戏拖棚[①]。

要试着转换自己的心态。打个比方，偶尔去吃的人气美食的店门口经常大排长龙，在排队时不要想着究竟要排

①歹戏拖棚：台湾地区习惯用语，字面意思是坏戏、烂戏占着摄影棚，一拍就是几百集。通常用来指不愿放手，死缠烂打，不快乐地拖延时间。

多久，不妨看看身后的排队人潮，看着人越来越多，他们可是比你还要晚吃到，这样想心情就会好多了。凡事不要只想着讨厌的部分，朝着让自己开心的方向思考，心情好了，事情也会跟着好了。

或许你认为自己的生活太平淡、太无趣了，也许你觉得自己一直在做没意义的事情，如果你愿意从另一个角度去看待自己的人生，也许，眼前的世界也会变得不一样。试着这么思考——“在枯燥乏味、消磨意志的现实生活中，继续保持着自己的热情与信心，这就是你生活最重要的意义与目标。”

不要一味抱怨要处理多少杂事或麻烦，其实，不管想做什么样的工作、想过什么样的生活，都会有不少杂事或问题要处理。即使你正在从事喜欢的工作，但它依旧需要你去解决各种不同的琐事，假如没有这样的认知，没有用正确的心态去面对生活，那么，只会让自己在不断失望与不停抱怨的轮回里打转。

现在的年轻人最需要培养的就是责任感，当面对的事情不顺利，我们的责任就是要克服现况的困境。**既然做任何事都会有问题产生，并且必须由你解决，请抱持着自己一定可以的信心，就算那些信心根本是没有根据的也无妨，**

假如你连现在的问题都不想面对或解决不了，还奢求自己可以打造梦想中的生活吗？

要做真正想做的事情当然需要勇气，光是在日常生活中愿意扛起生活的责任，都已经是不得了的勇气了。有一天，或许你会发现，最有成就感的，未必是你能够开始过喜欢的生活，而是你可以把讨厌的生活也能应付得很好。

偶尔的浪费时间，才对身心有益

时间很公平，你怎么运用它，决定了你怎么拥有它。

经常听到别人说：“时间就像海绵里的水，挤一挤就有了。”不过，对于每天行程紧凑的人来说，这句话确实有它的道理。例如，今天临时需要加入两个小时的客户会议，而原本写得密密麻麻的行事表上看起来并没有这么长的空当，有些人会改约他日或取消其他行程来配合，但也有些人懂得去挪动前后的行程安排，硬是找出两个小时的空当。

有人会觉得另外约时间处理就好，为何非得急着马上找出时间，因为这些事情迟早都会被处理好的。但是，对于那些懂得利用时间的人来说，多出来的两小时，就可以用来处理其他事情，等于你处理一件事的时间，他已经准备好要处理第二件事了，相较起来，他确实做了更有效率的时间运用。

时间是自己的，怎么运用也是自己决定的，但不是把每日行程塞得满满的就一定正确。

我也是不喜欢把自己的行程弄得很紧凑的人，喜欢运用一些零碎的时间。比方说，在通勤的捷运车厢里阅读，无论是书本或是用手机上网看最新新闻；在上厕所的时候，思考写作的内容与方向，许多灵感其实是坐在马桶上产生的；在走路时，可以用耳机听外语教学或有声书；在搭车移动到下一个工作行程的路上，也会用这段时间来回复、处理工作的邮件。

如果想要让自己有更多时间享受生活，就要找到更有效率的做事方法与运用时间的方法。比起努力勤奋却不得要领，较高的工作效率肯定更值得赞许。

除了处理事情的方式，面对事情的心态也很重要。有些事情并不值得自己去浪费时间，与其花时间去抱怨、与人争吵，不如将那些时间用来充实自己，或者做好其他工作，这样对自己还比较有用处，心情也舒坦一点。把时间花费在讨厌的人、事、物上，那是最可惜的了，不只对自己没帮助，还破坏了心情。

然而，有些事情就必须舍得花时间，那就是要让自己好好休息与放松。**要懂得适时自我调整步伐，每天都抽出一些时间来放松，享受一下清静，那不是浪费生命。**抽离了忙碌与紧凑的行程，反而能找出解决难题的方法。

想要充分利用时间、想要抱持最好的态度固然很棒，不愿输人的斗志也值得赞扬。但是，在乎你的人不需要你凡事第一名、完美地做好每件事，没有什么比平安健康更重要的了。

其实，我们人生大部分的时间，需要的不是奋力向前，而是好好休息、慢慢前行。你已经够努力了，请给自己时间好好喘息。

你怎么运用时间，它就怎么对待你。该认真就认真，该休息就休息。打混是浪费人生，而逞强则是损耗健康。

读好书，还要懂得交朋友

学习有两种途径，一种是阅读，另一种则是和比自己优秀、有经验的人做朋友。

上面这句话来自威尔·罗杰斯（Will Rogers），或许很多人不熟悉这位先生，他是19世纪末期到20世纪初期在美国非常知名的演员兼牛仔，同时也是深具影响力的思想家。他出生在美国俄克拉何马州，因为热爱西部牛仔文化，十几岁就前往得州当了牛仔，之后随着杂技团及剧团巡回于世界演出，后来出演电影大受欢迎而成了美国知名的演员。

威尔·罗杰斯除了有表演的才华外，他还出版过多部著作，并且在报纸撰写专栏，在写作上也展现了他独特的哲学思想与敏锐的洞察力。

我在学生时代偶然从书中看到这句话，但那时根本没什么感觉，对年少懵懂的我来说，玩乐才是正经事。直到入伍之后，为了打发无聊的时间，重拾书本开始阅读，我才逐渐明白读书的美好，它能让人获得知识的增长及心灵的满足。

我也是在走进社会之后，慢慢体悟与自己相交的人，不论是朋友、同事或是恋人，都在影响着自身的价值观与生活。等到认识了真正有思想、有才能或有经验的人，才发现过去的自己被朋友影响有多大，很可能还浪费了许多原本该好好运用的时间。

做牛仔的人好像都是粗犷的，仿佛跟哲学思想挨不着边，但威尔·罗杰斯除了本身的才华之外，在空闲时间也懂得透过阅读来充实自己，而且他还与聪明有想法的、在各方面有影响力的人相处，最后才能成为对美国艺坛、文化及政治都有影响力的人。

请试着养成阅读的习惯吧，**或许你看过很多励志语句，觉得那都是狗屁。可是，当你遇到真正的打击与困难时，将会发现那些看似没有实质性帮助的废话，却能在你最需**

要的时候给予精神上的鼓励与温暖。或许你看过很多名人的经验分享，认为那些都是经过美化的骗局，只要你愿意用实际行动去体验，便会发现无论那些经验是否被美化，依然会对你的生活有正面的帮助。

若遇到比自己优秀、有丰富经验的人，一定要把握在他们身边相处与学习的机会，并且让自己与行为不正、想法有偏差的损友保持距离。那些优秀的人未必能真正教给我们什么，可是光在身边就近观察他们的待人处事，就可以让自己从中得到某些方面的成长。

有为的人会让你知道“完成目标是因为拥有自信，得到机会是因为早已做好准备，展现奇迹其实是因为真正有能力”。成功者的态度能让你明白：“无论你认为自己的决定是多么正确与有远见，只要有众多反对者出现，你都要试着反思与检讨。固执与僵化，不必有强大的对手，就会自取衰败。”

“适合”，这个词在我们的生命中很重要。要找到适合的朋友，找到适合的对象，找到适合的伙伴，找到适合的工作，找到适合的阅读方式与做事方法，我们才会拥有适合自己的人生。

认输，才是真正的本事

不必给自己太大压力。认输，也是让自己可以重新开始的解放。请记住，我们不是无所不能，而是总会有无能为力的时候。

大家都在鼓励遇到挫折不要气馁，碰到困难不要害怕，无论如何都不要轻易认输，如果做不到，就不可能达成目标、完成梦想。这样积极正向的人生观并没有错，做事情老是因为一点点挫折、困难就放弃，抱持着这种软弱的心态，是不可能做好事情的，更别提想要完成什么样的梦想了。

可是，人生确实有太多不可能办到的事，你我不是无所不能，总有无能为力的时候。挡在面前的是墙壁，再怎么前进，也只不过是不断碰壁；上面已经被封顶，再怎么往上爬，也只是更快地往下摔。要认清自己的极限在哪里，因为我们都不是超级英雄，不会变身后就能所向无敌，更何况现在连电影里的超级英雄都会被打倒。因此，再继续逼他们也没有用，人家也只能双手一摊。何苦呢？今天尽力了，明天再来努力，这次不行了，下次再来试试看。

不妨学会看开一些吧，我们总以为自己被现实追着跑，其实，大部分是我们自己抓着现实不放手。错误是成长的一种形式，要增强面对失败时的韧性。

我们总是拼命学习着如何跑得更远、跑得更快，但很少人知道在跌倒时要怎么应对，或者假使真的跌倒了，如何能将这次的经验转变成下次跑得更好的关键。唯有跌倒过的人，才能更深刻体会路途的艰难，才能更加真诚地珍惜成功的果实。

只有愿意躺下来，才能看清楚整片天空的面貌；只要能够承认失败，才有机会看清自己的失误。你遇到的困难，也会是别人的困难，如果你过不去，肯定也有其他人过不了。

有时，不强迫自己继续苦撑，暂时抽离现状，或是寻求他人帮助，承认自己的不足，这不是放弃，也没什么好丢脸，反而可以更快地解决问题。

请记住，认输不代表自己没用，真正没用或糟糕的人是不自知也不想改善的。会自认没用的人都是自我要求太高与责任感过重，所以无法接受自己有丝毫的没有做到完美，或是不想造成别人的困扰。你并没有自己以为或别人嘴里说的那么糟，没有人十全十美，不必把自己逼得太紧，人生本来就不该一直紧绷，那样的生活未免太累人。

谁都难免会有不想面对的时候，不必勉强自己，想逃避就逃避吧，强迫自己继续留下来，说不定是不断地自我伤害。但是，我们也无法逃避一辈子，等到准备好了再来面对吧，不是为了逃避而逃避，而是为了让自己下次出发能走得更远。

你将发现，最难得的不是自己能够获胜，而是终于懂得适时地认输。

认输并不容易，但因为我们愿意面对现在的失败、错误与打击，积累了宝贵的经验，将来才有机会赢得更漂亮。跌倒后，能够站起来再次前进，那才是真正的本事。今天做得不好没关系，都已经过去了，明天重新开始，一时打不赢无所谓，只要你不被打倒。

不知道该怎么走的时候，就暂时停下吧

要问下一步该怎么走，不如先搞清楚自己究竟是怎么走到这个地步的。

“这里是哪里？”爱丽丝问。

“你要去哪里？”精灵回答。

“我不知道。”

“如果你都不知道要去哪里，那么，现在你在哪里一点也不重要。”

这段对话来自《爱丽丝梦游仙境》，爱丽丝掉入了奇幻世界，走到十字路口彷徨无助，不知该怎么走时，询问了精灵。精灵的回答具有深深的寓意，我们或许可以这么说，“如果连你都不清楚自己的目标是什么，那么，你现在要做什么都没有任何意义了。”

换个角度想，我们应该先搞清楚自己为什么会走到如此窘境，有因才有果。例如，为什么工作的成效不佳？为什么考试的成绩不理想？为什么一段感情最后没有结果？我们要从过去的错误中找出将来正确的方向，如果根本的问题一直存在着，就算你明白下一步该往哪里走，依然也抵达不了。

很多时候，之所以会落得不理想的下场与后果，怪不得任何人，也怨不了环境或遭遇，自己要负最大的责任。比方说，你说话总是不够坦率，喜欢拿事实当玩笑，然后用玩笑掩盖事实，别人经常搞不懂你说的是真心话还是玩笑话。虽然说，了解你的人就会了解，但你不能要求每个人都能懂得你每句话背后的含义，最后被人误会、遭人言语攻击，导致内心受了伤，那就该试着把自己的感受诚恳地表达出来。

有些人明明知道不该做或不想做某件事、某个决定，最后还是为了某个原因而去做，导致后悔莫及。这时后悔的原因，不一定是结果不理想，而是当初自己做了一个违心的决定。这样的情形只会不断地发生，因为他们总会用“这是最后一次”来说服自己。如果这样的心态不改变，同样的情况只会不停地轮回。

我们要做一个自己会喜欢、会认同的人，因为那关系到我们会感到快乐。给自己一点时间，找出能让自己快乐的部分。有时，不是事情或环境复杂，而是我们把事情或环境变得复杂了，问题不在于事情或环境是什么样子，而在于你是什么样子。有的人习惯付出，有的人习惯被照顾；有的人不喜欢太闲散，会感觉自己没有贡献；也有的人不喜欢把自己逼得太紧，希望日子轻松点。除非你有很大的决心改变自己，不然这些喜好或习惯最后往往左右了我们的判断，这大概就是“性格决定命运”吧！

成长，确实带来了稳重与淡然，但不得不承认它也带走了我们面对失败的勇气。不管你是在什么情形下做出的决定，重要的是下决定之后就不要轻言放弃；不管是什么原因而导致结束，重要的是结束之后就不要后悔。

你的路没有人能帮你走，终究还是得靠你自己去摸索。现在不知道该怎么办也没关系，暂时在原地踏步也没关系，没有人规定人生一定要不停前进，休息一下也很好。有一天，你会明白自己的方向；有一天，会有一个在乎你的人陪伴你前行。在那之前，请你放轻松，用自己最舒适的姿态去面对眼前的世界。

与获得相反的未必就是失去

人生一直都是有得就有失。比方说，我在盐酥鸡和啤酒中得到了满足，同时也失去了我的30码腰。

“有得必有失”这是大家都明白的一句老话。可是，在现实生活中，这句话往往会淹没在我们忙碌的日常行程与复杂的人际关系里，为了失去某些事物而难过，因为得不到什么或输给别人而不开心。

你永远不会变成别人，你就是独一无二的。不必羡慕别人，因为再怎么羡慕也不能让你成为他。不比较，反而比较快乐。请时时提醒自己：计较未必会赢，而且一定会输掉了快乐。

我们总会不经意地去幻想自己无法拥有的人生，其实，别人背后的辛酸是不为人知的。任何人都一样，我们总是拿自己拥有的去换自己没有的，看似得到了某方面的好处，却也失去了另一面的美好。或许，这就是人们为什么一直不满足，因为无论得到些什么，我们总会失去些什么。比方说，长大让你得到了成熟与稳重，却可能让你失去了勇敢与童心；工作让你得到了金钱与成就，却可能让你失去了与亲友相处的时间；运动让你得到了健康与体态，却可能让你失去了像我们这种拥有啤酒肚的懒惰大叔的友谊。

有两种人是这样的，一种是自己还没失去，而习惯去嘲笑别人的失去；另一种是都已经失去了，却用嘲笑别人的失去来减轻自己难过的心情。这两种人的心态都不可取，你最应该成为的一种人，是能体恤别人的心情，不为失去而难过太久，而且懂得珍惜身边已拥有的人、事、物。

与获得相反的未必是失去，有时是不珍惜。重要的不是你能够拥有什么，而是如何运用你所拥有的。你不需要变得多么有钱、有地位或光鲜亮丽，只要接受现在的自己就好；你不必被得失羁绊，因为人生永远都有其他选择的可能性。

获得想要的事物当然很开心，可是人生失去的总比获得的多，当你失去拥有的事物时还能一笑置之，那才是自在生活的关键。失去了就失去了，只要你抱持着信心，即使失去再多，你也明白绝不会失去自己。珍惜还拥有的，即使拥有的不全然是美好，也要好好过生活。

对于别人的付出，永远都不要计较表面的多寡，重要的不是他给了多少，而是他所给予的占他所拥有的比例有多少，那代表着心意。身上只有 10 元钱的人给出的 10 元，与身上有 100 元的人所给出的 10 元，是不一样的价值。

虽然我总鼓励大家不要太在意得失，也不该与人计较输赢，但我也明白我们并非完美的圣人，人生在世，不可能没有欲望、没有目标，如果没有欲望，自然会对什么事情都不感兴趣，这样的世界将无法运作下去。没有热情，没有投入，怎么可能会有动力呢?

关键在于，我们如何控制自己的情绪，别让计较得失影响了自己与他人的心情与判断。这次失去了，就去把握下一次吧。人生没有真正的是非题，只有靠自己亲身去领悟的验证题。

其实我心里知道，只要我愿意，一定能找回自己的 30 码腰，只是会失去盐酥鸡和啤酒。哦，我一点都不愿意。

不再以别人的重点为重点，
该是聆听自己的时候

有些人不允许、不赞同别人做的事，只是单纯因为自己做不到或得不到。

有时候，我们想要去做一些自己或一般人不会去做的事情，就会遭到反对或阻挡。比方说，在公司想推动一个全新的企划构想，你认为对公司非常有益处，虽然短期内需要做大幅度的改变与取舍，但就长远而言，公司将会有显著的成长。明明是很棒的想法，却引来同事们的非议与抹黑，让你备感挫折。你想要放弃收入不错也稳定的工作，加入偏远乡镇教育推广计划当志愿者，或是背起行囊给自己两三年的时间游走世界体验不同人生，这样的想法立刻

让亲友们纷纷投下反对票，对你的理想大泼冷水。

他们之所以对你的做法与想法有异议，未必都是不对的，有时是真心为你设想。可是，他们替你设想的理由却不一定准确无误，很多时候只是他们认为不合常理或做不到，但换成别人来执行未必就不会成功。

有些人想要反对你、阻挠你，并不是因为这件事不好、不对，而是他自己做不好、做不到，所以不希望别人可以做得好、做得到。

经常优先思考别人的感受与想法是体贴，但无视内心感受就是背离自我。我们总以为某些人很重要，但他们再怎么重要也比不过自己重要。从你心中产生的才具有力量，从别人口中说出的一点用处也没有。

别老是以他人的想法为重心，或以附和他人来获得认同，别人并不是自己无法前进的借口，快乐与别人无关，而是由你的内心所产生。我们的生活是借由与很多人的交集、许多事物的出现所组成，不必把某个人或某件事当成生活的全部。

我们明白自己什么事不该做，却无法阻止别人什么话不该说。不要期望自己的意见与做法全都能被人认同，在认同你的人身上可以得到慰藉与信心，但在不认同你的人身上也能够得到成长与建议。

对于与自己拥有不同思考模式的人，也不必一味反对与消极抵制，反而要试着了解对方为什么会有这样的想法，把值得学习的部分吸收过来，但也没必要对年轻人倚老卖老。年纪比较大没有多么了不起，无论多大年纪，我们都会有犯傻的时候。无论到了多大年纪，我们还是会做出让自己后悔莫及的决定。多数人都一样，指责或批评别人的时候言之有物、头头是道，一旦自己遭遇到了，还是会不知所措，希望得到支持与协助。

一生中难免会遇上脆弱或抉择的时候，此刻，你也会希望他人可以体谅自己的感受。反对、指责或抱怨不一定能让事情马上变好，但你的善意与体贴一定能让当下变得美好。

想要挑战别人不会做的事，并不是希望自己变得多么强大，通常只是希望能有所成长或对别人有帮助。如果看到别人可以去做那些我们无法做到的事，也别眼红，反而应该给予强力的支持，因为有他们的努力和成就，才让我们在某个看不到的地方得到益处。

这个世界正是因为有这些愿意挑战、勇于改变的人，才能够一点一滴地持续进步着。从另一个角度看，有人愿意突破现状，才有人可以安稳过日子。

后记

有读者在网络上留言问我："大叔，你怎么可以确定自己的选择没有错？"这个问题让我思考很久，其实，我也可以假装没看到那则留言，就让它随着不断涌现的网友意见与问题所淹没，也可以用"相信自己就不会错"这种激励读者的标准答案，不仅冠冕堂皇且方向正确。

但是，真的可以这么潇洒与肯定吗？

遇到一些事情需要抉择时，老实说，我们都没有办法完全对自己的决定深信不疑，更多的是对眼前的道路感到一片迷茫。而这种举棋不定、彷徨无助的时刻，无论年纪多大，依然还是会阴魂不散地突然出现在我们的生活之中。待在学校或公司里却看不清未来，处在朋友圈或团体中却找不到自我，下一次该怎么做，下一句话该怎么说，下一步该怎么走，前面都是一团黑暗，只能期待有人能点燃一盏灯或打开一扇门。

说真的，我也没办法确定自己的选择有没有错，但是，我会对自己的选择负责。选择了，就要向自己决定的方向去努力。最后，就算发现选择错了或结果不好也没有关系，那就再选择其他的路来尝试。人生不会只给我们一条路走，就看你愿不愿意去走而已。

在《只要好好过日子》出版后，我陆续收到一些读者对于这本书的回应，大部分是感谢我的文字在他们处于低潮或失恋时给予很多力量与温暖。还有读者特地打电话到出版社，想要对我说，因为这本书而将他从原本企图自杀的情绪中解救回来，让他重新有勇气再面对不轻松的现实生活。听到他们对于我所写的文字的反馈，对我来说，就是继续写作下去的力量。你们觉得我的文字带给你力量，其实你们的支持同样也给我力量。

有位长辈曾对我说过：“出书，最大收获绝对不会是金钱，而是能够传递正能量与良好价值观给更多人。”

我希望这本书可以给予在人群中感到孤单的人一点理解，可以给予在职场里感到迷惘的人一点方向，可以给予在生活中感到无力的人一点能量，可以给予在爱情里感到心冷的人一点温暖。

谢谢你们，让我们一起好好过日子，然后期待好日子。

阿　飞（钟文飞）